站在巨人的肩上

Standing on Shoulders of Giants

TURING

图灵教育

iTuring.cn

站在巨人的肩上

Standing on Shoulders of Giants

TURING

图灵教育

iTuring.cn

图灵程序设计丛书

Deep Learning with TensorFlow

TensorFlow深度学习

【意】Giancarlo Zaccone
【孟加拉】Md. Rezaul Karim 著
【埃及】Ahmed Menshawy
李志 译

人 民 邮 电 出 版 社
北 京

图书在版编目（C I P）数据

TensorFlow深度学习 / （意）吉安卡洛·扎克尼，（孟加拉）穆罕默德·礼萨·卡里姆，（埃及）艾哈迈德·门沙维著；李志译. -- 北京 : 人民邮电出版社，2018.3
（图灵程序设计丛书）
ISBN 978-7-115-47877-1

Ⅰ. ①T… Ⅱ. ①吉… ②穆… ③艾… ④李… Ⅲ. ①人工智能－算法－研究 Ⅳ. ①TP18

中国版本图书馆CIP数据核字(2018)第023704号

内 容 提 要

本书共分 5 方面内容：基础知识、关键模块、算法模型、内核揭秘、生态发展。前两方面由浅入深地介绍了 TensorFlow 平台，算法模型方面依托 TensorFlow 讲解深度学习模型，内核揭秘方面主要分析 C++ 内核中的通信原理、消息管理机制等，最后从生态发展的角度讲解以 TensorFlow 为中心的一套开源大数据分析解决方案。

本书适合所有对深度学习和 TensorFlow 感兴趣的开发人员和数据分析师阅读。

◆ 著　[意] Giancarlo Zaccone [孟加拉] Md. Rezaul Karim
[埃及] Ahmed Menshawy
译　李 志
责任编辑　陈 曦
责任印制　周昇亮
◆ 人民邮电出版社出版发行　北京市丰台区成寿寺路11号
邮编 100164　电子邮件 315@ptpress.com.cn
网址 http://www.ptpress.com.cn
北京鑫正大印刷有限公司印刷
◆ 开本：800×1000 1/16
印张：15
字数：355千字　2018年 3 月第 1 版
印数：1 - 3 500册　2018年 3 月北京第 1 次印刷
著作权合同登记号 图字：01-2017-6485号

定价：49.00元

读者服务热线：(010)51095186转600　印装质量热线：(010)81055316

反盗版热线：(010)81055315

广告经营许可证：京东工商广登字 20170147 号

版权声明

前　言

机器学习关注的问题是如何使用算法将未经处理的原始数据转化为信息，进而转化为可供决策的情报。这一特性使得机器学习十分适用于大数据预测分析领域。可以说，没有机器学习，人们几乎不可能处理和整合当今世界的海量信息。另一方面，深度学习是机器学习算法的一个分支，其基本思想是学习出多个表示层，作为数据的模型。近年来，人们设计并开发了很多性能强大的深度学习算法，应用于图像识别、自然语言处理等大量复杂任务。深度学习算法本质上无非是复杂神经网络的一种实现，使其能够通过对海量数据的分析进行学习。本书基于最新版TensorFlow，介绍深度学习中的核心概念。TensorFlow是谷歌2011年发布的一个开源框架，用于处理数学、机器学习和深度学习领域的问题。自发布以来，TensorFlow大受欢迎，广泛应用于学术界、科研领域乃至工业领域。TensorFlow版本1.0含有统一的API，它提供了恰到好处的灵活性。用户可以轻松实现和研究最前沿的算法架构，集中精力关注模型的组织结构，而不用为其中的数学细节而烦恼。在学习本书的过程中，你将通过建模、数据收集和转换等实际操作学习深度学习编程技术。

祝阅读愉快！

本书内容

第1章介绍机器学习和深度学习的架构，包括所谓的“深度神经网络”。这种神经网络与普通的单隐藏层神经网络的不同主要在于其“深度”。“深度”指的是节点层的数量，也就是说，深度神经网络拥有多个层。在模式识别的过程中，数据需要依次通过这些层。这一章将用一个表格对比各种深度学习架构的优劣，其中总结了各种神经网络模型，大部分深度学习算法都由这些神经网络模型发展而来。

第2章介绍TensorFlow 1.*x*版本的主要特性和功能：计算图、数据模型、编程模型和TensorBoard可视化模块等。后半部分实现一个单输入神经元，以展示TensorFlow的实际应用。最后介绍如何将TensorFlow从0.*x*版本升级到1.*x*版本。

第3章详细介绍前馈神经网络的概念。这一章采用前馈神经网络这一基本架构实现诸多应用范例，具有很强的实用性。

第4章介绍基于深度学习的图像分类器的基本构件——卷积神经网络（CNN）。通过两个示例实现，第一个是经典的MNIST数字分类问题，第二个是基于一系列人脸图像训练一个网络，用来对表情进行分类。

第5章展示自编码器网络的概念。设计和训练自编码器网络的目的是对输入模式进行转化，当输入模式退化或不完整时，可以对其进行补全，获取原始模式。这一章会使用几个示例介绍自编码器的实际操作。

第6章解释循环神经网络这一基本架构。循环神经网络用于处理长短不一的数据，在自然语言处理领域中的应用十分广泛。这一章将实现文本处理和图像分类。

第7章介绍TensorFlow中用于GPU计算的工具，并探索TensorFlow中处理GPU任务的一些技术。

第8章介绍几个基于TensorFlow的库：Keras、Pretty Tensor和TFLearn。针对每个库介绍其主要特性，并分别给出应用示例。

第9章涵盖TensorFlow多媒体编程的一些高级技术和新兴技术。这一章将讨论应用于可伸缩对象检测的深度神经网络，以及Android系统上的TensorFlow深度学习，并给出示例及代码。还将讲解加速线性代数（XLA）及Keras，并使用一些示例使讨论更加具体。

第10章涵盖强化学习的基本概念，并介绍Q-learning算法。该算法是使用最广的强化学习算法之一。此外还将介绍OpenAI gym框架，该框架与TensorFlow兼容，可作为强化学习算法的开发和对比评价工具。

预备工具

书中所有示例均采用Python 2.7和3.5版本实现，操作系统为基于Linux的64位Ubuntu系统，TensorFlow库版本为1.0.1。书中展示的所有源代码均兼容Python 2.7。

你还需要安装以下Python模块（最好是最新版本）：

- Pip
- Bazel
- Matplotlib
- Numpy
- Pandas
- mnist_data

阅读第8~10章时，还需要以下框架：

- Keras
- XLA
- Pretty Tensor
- TFLearn
- OpenAI gym

请注意，TensorFlow的GPU启用版本需要满足以下要求：64位Linux、Python 2.7（若使用Python 3，则要求3.3以上版本）、NVIDIA CUDA® 7.5（对于Pascal GPU，则需要CUDA 8.0版本）、NVIDIA cuDNN v4.0（最低）或v5.1（推荐）。另外，当前TensorFlow对GPU计算的支持仅限于NVIDIA的工具、驱动和软件。

读者对象

如果你是不具备太高深的数学背景，但又想了解深度学习的开发人员、数据分析师，或是对深度学习感兴趣的学习者，那么本书非常适合你。书中内容主要针对想要快速入门的新手，帮助他们获取一些深度学习的实战经验。读者需要具备基本的编程能力，掌握至少一门程序设计语言，并熟悉计算机科学技术的基础知识，如基本的硬件、算法知识等。另外，还需具备基本的数学能力，熟悉基础的线性代数和微积分知识等。

排版约定

在本书中，你将会看到几种不同的文本格式，用以区分不同信息。下面是这些文本格式的示例及其相应的含义。

文本中的代码、数据库表名、文件夹名、文件名、文件扩展名、路径名、模拟URL、用户输入及Twitter句柄等内容，显示为："若要保存一个模型，需要使用`Saver()`类。"

代码块格式如下：

```
saver = tf.train.Saver()
save_path = saver.save(sess, "softmax_mnist")
print("Model saved to %s" % save_path)
```

所有命令行输入/输出采用以下格式显示：

```
$ sudo apt-get install python-pip python-dev
```

屏幕上显示的词语，例如菜单或对话框中的词，在文本中显示如下："点击**GRAPH**选项卡，可以看到该模型的**计算图**及其**中继节点**。"

警告或重要的注意事项。

提示或小技巧。

读者反馈

欢迎各位提出宝贵意见，请让我们知道你对本书的看法——喜欢什么或者不喜欢什么。读者反馈对我们非常重要，因为这可以帮助我们发现对大家最有帮助的主题。

要想提供反馈，只需登录“图灵社区”本书页面（http://www.ituring.com.cn/book/2420）并留言。

客户支持

如果您购买了我们出版的图书，我们将提供一系列服务来使您获得最大收益。

下载示例代码

你可以从“图灵社区”本书页面（http://www.ituring.com.cn/book/2420）下载书中示例代码。

文件下载结束之后，请确定使用以下软件的最新版本解压或提取文件：

- Windows上使用WinRAR/7-Zip
- Mac上使用Zipeg/iZip/UnRarX
- Linux上使用7-Zip/PeaZip

本书的代码也被托管在GitHub上，地址为https://github.com/PacktPublishing/Deep-Learning-with-TensorFlow。https://github.com/PacktPublishing/这个地址还提供了其他种类丰富的图书和视频资料相关代码包，好好看一下吧！

下载本书彩色图片

我们也提供含有彩色截图/图表的PDF文件。彩色图片能帮助你更深入地理解输出的变化。可以从 https://www.packtpub.com/sites/default/files/downloads/DeepLearningwithTensorFlow_ColorImages.pdf 下载此文件。

勘误

尽管我们做了各种努力来保证内容的准确性，依然无法避免出现错误。如果您在书中发现文字或代码错误并告知我们，我们将非常感谢。通过勘误，您可以提高其他读者的阅读体验，并可以帮助我们在本书的后续版本中做出改进。不管您发现什么错误，都可以通过“图灵社区”本书页面（http://www.ituring.com.cn/book/2420）告诉我们。一旦勘误通过确认，将显示在页面上的勘误表中。

反盗版

互联网上针对有版权资料的盗版行为一直存在，并逐步扩展到所有媒体。图灵公司非常重视对自己版权和许可的保护，如果您在互联网上发现对于我们工作的任何形式的非法复制行为，请立即将地址或网站名通知我们，我们会采取对策。

请联系ebook@turingbook.com并提供有盗版嫌疑的链接。

如果我们在作者保护和造福读者方面得到您的帮助，我们将非常感谢。

问题

对本书有任何疑问，都可以登录“图灵社区”本书页面（http://www.ituring.com.cn/book/ 2420），我们会尽最大努力解决问题。

电子书

如需购买本书电子版，请扫描以下二维码。

致　谢

Md. Rezaul Karim

我要感谢我的父母（Razzaque先生和Monoara夫人），他们在我的人生中一直给予我鼓励和动力。我也要感谢我的妻子（Saroar）和孩子（Shadman），他们不懈的支持使我不断前行。我尤其要感谢本书的另外两位作者Ahmed Menshawy和Giancarlo Zaccone。没有他们的贡献，本书是不可能完成的。最后，我要将本书献给我的哥哥Md. Mamtaz Uddin（孟加拉国Biopharma公司国际部经理），他对我的人生做出了不可估量的贡献。

Ahmed Menshawy

我要感谢我的父母、我的妻子Sara和女儿Asma在本书写作过程中对我的支持和耐心。我也要向本书的另外两个作者Md. Rezaul Karim和Giancarlo Zaccone表示真诚的谢意。

共同致谢

感谢Packt出版社的采购、内容开发和技术编辑（以及所有为本书做过工作的人）的真诚合作和协调。另外，如果没有无数研究人员和深度学习应用者们的工作，如果没有他们无私贡献的专业出版物、课程和源代码，本书根本不可能存在。最后，我们要感谢TensorFlow社区的支持及其会员贡献的API，这些宝贵资源最终使得人人都能享受深度学习的乐趣。

目 录

第1章 深度学习入门

本章会讨论深度学习的一些基本概念及其相关架构，这些内容在后续章节中都会有所涉及。首先简要介绍机器学习的定义。运用机器学习技术可以实现对大型数据集的分析，自动抽取信息并对后续的新数据进行预测。接着介绍深度学习的概念。深度学习是机器学习的一个分支，旨在使用一系列算法对高度抽象的数据进行建模。

随后介绍深度学习架构，也就是所谓的**深度神经网络**（**Deep Neural Networks，DNN**）。这种神经网络与普通的单隐藏层神经网络的不同主要在于“深度”。“深度”指的是节点层的数量。也就是说，深度神经网络拥有多个层，在模式识别的过程中，数据需要依次通过这些层。本章用一个表格总结了各种神经网络模型，大部分深度学习算法都是由这些神经网络模型发展而来的。

本章最后会针对多个特性简要了解并对比几种深度学习框架，比如框架使用的语言、多GPU支持及可用性等。

本章包含以下主题：

- 机器学习简介
- 深度学习定义
- 神经网络
- 人工神经网络的学习方式
- 神经网络架构
- DNN架构
- 几种深度学习框架的对比

1.1 机器学习简介

机器学习是计算机科学中的一个研究领域，其目标是识别并实现一些系统和算法，从而使计算机基于给定输入中的样例进行学习。机器学习的难点在于，如何使计算机通过学习自动识别复杂的模式，并尽可能智能地做出决策。完整的学习过程需要以下数据集。

- **训练集**：知识库，用于训练机器学习算法。在这一阶段，机器学习模型的参数（超参数）可以根据随后获得的性能进行调整。
- **测试集**：仅用于评价模型对未知数据的预测性能。

学习理论采用的数学工具衍生自概率论、信息论等学科，可以实现对模型性能的对比。

机器学习的范式主要有三种：

- 监督学习
- 无监督学习
- 强化学习

下面简要叙述这三种学习范式。

1.1.1 监督学习

监督学习是一种相对简单、成熟的自动学习任务。它基于一系列预分类的样例，也就是说，预先知道作为输入的每个样例应该属于哪个类。在这种情况下，学习的关键问题就是“泛化”。对一个样本（通常比较小）进行分析后，系统应当能够生成一个对所有可能输入都可用的模型。

数据集包含有标签的数据，即“对象”及其对应的“类”。这个有标签属性的集合便组成了训练集。

大部分监督学习算法有一个共同的特点：定义某种“损失函数”或“代价函数”，对训练集进行处理时使其最小化。该函数代表系统的实际输出相对于正确输出的错误率，因为训练集给定的输出肯定是正确输出。

系统接下来会改变其内部的一些可调的参数，即权重，以最小化这个误差函数。随后，要评价模型的性能。给出另一组有标签的样例（测试集），检测被正确分类的样例和被错误分类的样例的百分比。

监督学习除了应用于分类场景，还可用于学习数值型预测函数。这种任务称为**回归**。在回归问题中，训练集是由对象及其对应的数值组成的二元组。许多监督学习算法已经实际应用于分类和回归问题。这些算法均可视为一套描述分类器或预测器的规则，其中包括决策树、决策法则、神经网络和贝叶斯网络。

1.1.2 无监督学习

无监督学习与监督学习相反，在训练过程中提供给系统的输入是没有标签的。这种学习范式非常重要，因为人脑处理的无监督学习任务要比监督学习任务多得多。

在这种情况下，学习模型中的唯一对象便是观察到的输入数据。一般假设这些输入数据为相互独立的样本，并服从某种概率分布。

无监督学习算法常用于处理聚类问题，即给定一系列对象，我们希望理解并展示它们之间的关系。一种标准的做法是为每两个对象定义一种相似度，据此找出簇的划分，使得簇内对象相似度较大，簇间对象相似度相对较小。

1.1.3 强化学习

强化学习是一种人工智能方法，强调利用系统与其环境之间的交互进行学习。通过强化学习，系统根据从环境获得的反馈动态调整其参数，调参的结果又进一步作为反馈指导决策。例如，用前面棋步的结果改进性能的国际象棋程序就是一个强化学习系统。目前，针对强化学习的研究涉及众多学科，涵盖了遗传算法、神经网络、心理学和控制工程等各种领域。

图1-1总结了上述三种学习范式，并列出了与之相关的问题。

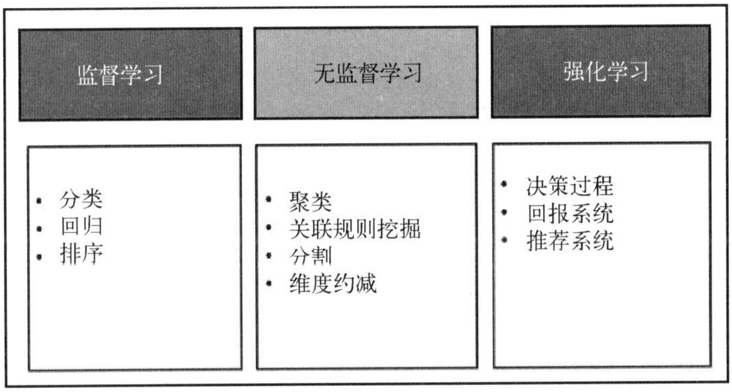

图1-1 学习范式及其相关问题

1.2 深度学习定义

深度学习是机器学习中的一个研究方向，它基于一种特殊的学习机制。其特点是建立一个多层学习模型，深层级将浅层级的输出作为输入，将数据层层转化，使之越来越抽象。这种分层学习思想模拟的是人脑接受外界刺激时处理信息和学习的方式。

根据假设，每一个学习层对应大脑皮层的一个不同区域。

1.2.1 人脑的工作机制

负责解决图像识别问题的视觉皮质由一系列具有层级结构的扇区组成，每个区域从与之连接的其他扇区接收信号流作为输入表示。

这种层级结构中的每一层代表不同程度的抽象，层级越高，抽象程度越大。大脑接收到一个输入图像时，会分成几个阶段对其进行处理，例如检测边缘或感知形状（任务由简单逐渐变得复杂）。

随着大脑根据经验一点一点地学习、激活新的神经元，抽象层会随着输入信息变化。深度学习架构就模仿了人脑的这一过程。

在**图像分类**任务中，这种层级结构叙述如下：一层层的处理块逐渐提取输入图像的特征，每一个块都会继续处理已被前面的块预处理过的数据，提取的特征也越来越抽象。这样，数据就被表示为一种层级结构，这也就是深度学习系统的基础。

更具体地说，可视化的层级建立过程如下所示。

- 第1层：系统开始识别明/暗像素
- 第2层：系统识别边缘和形状
- 第3层：系统学习到更为复杂的形状和物体
- 第4层：系统学习人脸由哪些物体定义

图1-2是该过程的可视化表示。

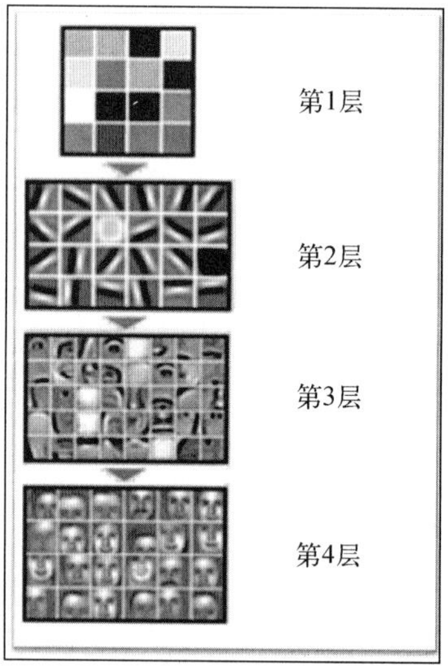

图1-2 人脸识别问题中的深度学习系统

1.2.2 深度学习历史

深度学习的发展与人工智能，尤其是神经网络的研究齐头并进。深度学习的研究始于20世纪

50年代初，但直到20世纪80年代才开始发展起来。其繁荣要归功于杰弗里·辛顿以及与其合作的机器学习专家。当时的计算机技术不够先进，导致这一研究方向并无大的改进，所以我们直到今天才看到深度学习的真正发展。如今，我们拥有海量数据和强大的计算能力，可以进一步发展壮大深度学习。

1.2.3 应用领域

深度学习已被应用于多个领域，如**语音识别**系统、**搜索模式**等。特别是在**图像识别**领域，深度学习这种层级结构表现十分优秀，能够一步步地逐块聚焦图像，对其进行处理和分类。

1.3 神经网络

人工神经网络是深度学习概念的一个主要应用工具。它是人类神经系统的一个抽象表示，其中包含一系列可以通过**轴突**相互通信的神经元。第一个人工神经元由麦卡洛克和皮特斯于1943年提出，旨在为神经活动建立计算模型。很多学者又对该模型进行了进一步研究，比如冯·诺依曼、马文·明斯基和弗兰克·罗森布拉特（所谓的“感知器”）等。

1.3.1 生物神经元

一个生物神经元由以下部分组成：

- 一个**胞体**；
- 一个或若干个**树突**，负责从其他神经元接收信号；
- 一个**轴突**，负责将该神经元发出的信号依次传输给与之相连的其他神经元。

图1-3是生物神经元模型示意图。

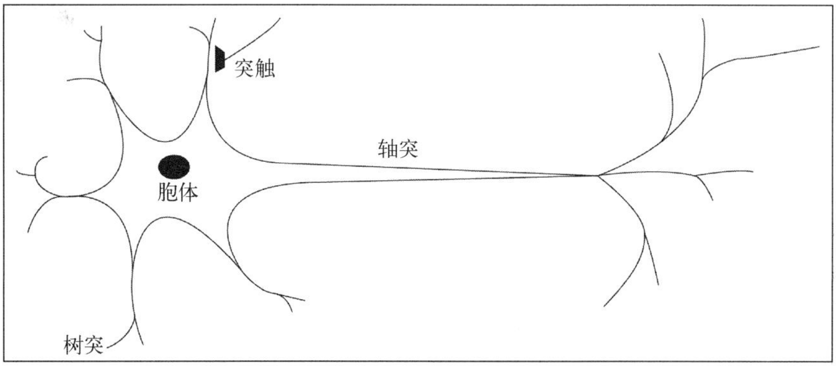

图1-3 生物神经元模型

神经元的活动包括发送信号（激活态），以及静止/从其他神经元接收信号（抑制态），二者交替出现。

引起状态转变的原因是外界刺激，即树突接收的信号。每个信号都具有激活或抑制效应，概念上用一个与刺激相关的权重表示。处于空闲状态的神经元会将接收到的信号积攒起来，直到它们达到某个激活阈值，于是转变为激活态。

1.3.2 人工神经元

与生物神经元相似，人工神经元由以下部分组成：

- 一个或多个入连接，用于从其他神经元接收数字信号，每个连接都被赋与一个权重，用于为信号加权；
- 一个或多个输出连接，用于向其他神经元发出信号；
- 一个激活函数，该函数从其他神经元接收输入信号并对其进行适当加权，结合该神经元的激活阈值决定输出信号的数值。

图1-4展示了人工神经元的结构。

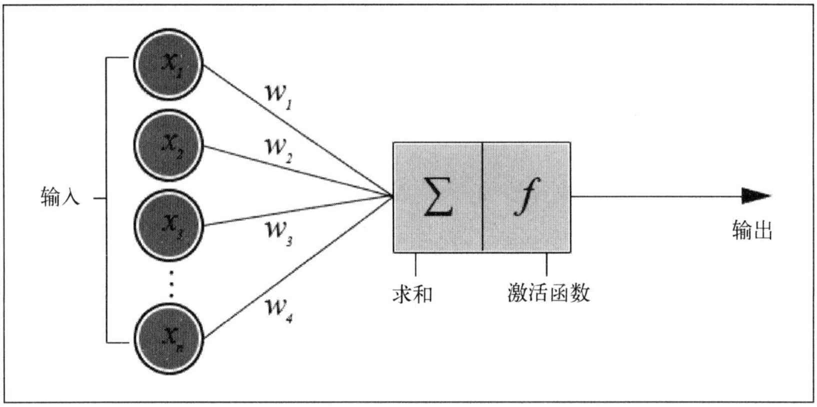

图1-4　人工神经元模型

神经元的输出，即神经元最终向外界传输的活动信号，是由激活函数对输入信号加权求和计算得出的。激活函数又称传递函数。这类函数的值域一般为–1~1或0~1。

以下是几种复杂度和输出彼此不同的激活函数。

- **阶跃函数**：函数会定义一个固定阈值x（如$x = 10$）。当输入的加权和等于、大于或小于该阈值时，函数将返回0或1。

- **线性组合**：与阶跃函数定义阈值的方式不同，线性组合函数用输入值的加权和去减一个默认值，最终会得到一个二进制值，但一般将其表示为正类（+b）和负类（–b）输出。
- **sigmoid函数**：该函数会生成一个S形sigmoid曲线。sigmoid函数一般指一种特殊的logistic函数。

第一个人工神经元模型只使用了形式最为简单的激活函数。人们后来发明了更为复杂的激活函数，可以使神经元实现更多功能，下面列举其中几种：

- 双曲正切函数
- 径向基函数
- 圆锥曲线函数
- softmax函数

不要忘记，神经网络激活函数中的权重是要靠训练得出的。虽然在神经网络架构的实现过程中，激活函数的选择非常重要，但研究表明，在保证训练过程正确的前提下，不同激活函数产生的输出质量差距并不太大。

图1-5中的函数解释如下。

- **a**：阶跃函数
- **b**：线性函数
- **c**：值域为0~1的sigmoid函数
- **d**：值域为–1~1的sigmoid函数

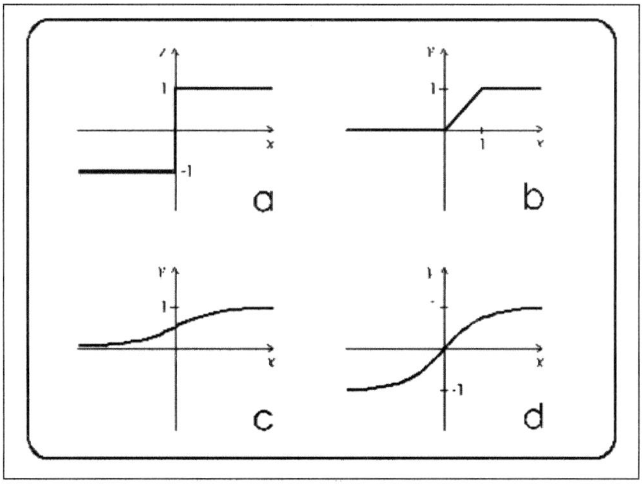

图1-5 几种最常用的传递函数

1.4 人工神经网络的学习方式

神经网络的学习过程是对权重的迭代优化，因此属于监督学习范畴。权重的修改基于网络在训练集上的表现，且训练集中的样本所属的分类是已知的。学习的目标是最小化损失函数，该函数代表网络输出相对于正确输出的偏移程度。随后，通过不与训练集交叉的测试集对象（如图像分类问题中的图片）验证网络性能。

1.4.1 反向传播算法

反向传播算法是神经网络学习过程中用到的一种监督学习算法。

该算法训练过程的基本步骤如下所示。

(1) 以随机权重初始化网络。

(2) 对于每个训练样本，重复以下过程。

- **前向传播**：计算网络产生的总误差，即网络输出与正确输出的差值。
- **反向传播**：从输出层到输入层，反向遍历所有层。

(3) 在反向遍历过程中，根据上一层的误差和对应权值，逐层计算网络内部各层误差，从而将总误差从输出层向隐藏层反向传播，直至传播到输入层。

(4) 根据各层误差调整各层权重，以最小化误差函数。此为反向传播算法的权重优化步骤。当验证集上的误差开始增加时，训练终止，因为此时网络可能已经开始过拟合。换言之，网络为了更好地拟合训练数据而牺牲泛化能力。

1.4.2 权重优化

有效的权重优化算法是建立神经网络的必要工具。解决该问题可以采用一种数值迭代算法——**梯度下降法**（**Gradient Descent，GD**）。

该算法的具体步骤如下所示：

(1) 随机选择参数初始值；

(2) 对模型中的每个参数，计算误差函数的梯度G；

(3) 调整模型参数，使其向误差减小的方向，即–G方向移动；

(4) 重复步骤2和3，直到G的值趋于0。

在数学中，标量场的梯度是定义在二维、三维或更高维空间上的关于若干个变量的实函数（向量场）。函数的梯度定义为一个向量，该向量的直角坐标分量即为该函数的偏导数。n元函数$f(x_1, x_2, \cdots, x_n)$的梯度代表使该函数的值增加最快的方向。总而言之，梯度是一个向量，它将物理量（标量）表示为几个不同参数的函数。

误差函数E的值在当前点上沿着梯度G的方向变化最快，因此，若要减小E，需要沿着相反的方向–G小步移动（如图1-6所示）。

迭代重复该操作若干次，即可得到使函数E取极小值的梯度G的方向（见图1-6）。

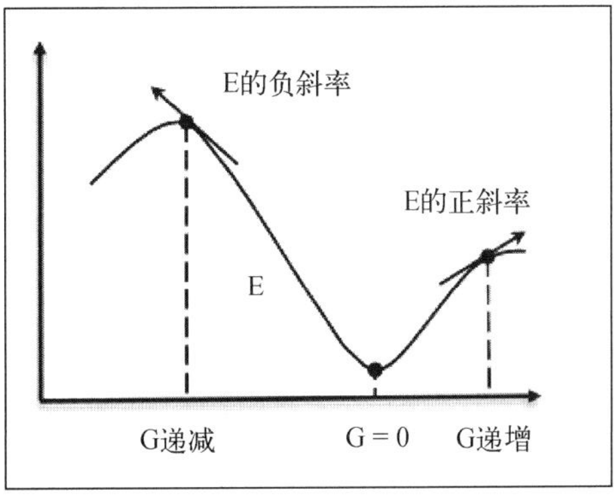

图1-6 梯度下降过程

由图1-6可见，我们正沿着使函数E取极小值的梯度G的方向移动。

1.4.3 随机梯度下降法

在梯度下降的优化过程中，我们是在完整的训练集上计算代价函数梯度的，所以常常将其称为“批量梯度下降”。如果遇到非常大的数据集，使用梯度下降法可能产生很大开销，因为每走一步都要遍历整个训练集。

因此，训练集越大，算法对权值的升级越慢，收敛到全局最优解所需的时间也越长。

针对这一问题，DNN中常常采用一种收敛速度最快的梯度下降方法，以代替批量梯度下降法，这种方法称为**随机梯度下降法（Stochastic Gradient Descent，SGD）**。

对于SGD，我们在一次迭代中只用一个训练样例升级一个参数。此处采用“随机”一词是因为，单一训练样例的梯度是真正的代价梯度的一个随机近似。

与在GD中不同，受随机特性的影响，SGD收敛到全局最小代价的路径不会是直的。进行二维可视化会发现，SGD的收敛路径蜿蜒曲折（见图1-7b随机梯度下降法）。

根据图1-7，可以对两种优化方法进行比较。梯度下降法（见图1-7a梯度下降法）保证对权重的每一次更新都沿着正确的方向进行，该方向也是代价函数趋于最小值的唯一方向。随着数据集的增大，每一步计算更为复杂，SGD便展现出其优越性。在SGD中，每处理一个训练样本，权值就能得到一次更新，所以后续计算使用的是被前面步骤优化过的权值。然而，这也使得SGD在收敛到全局最优解的过程中会走一些弯路。

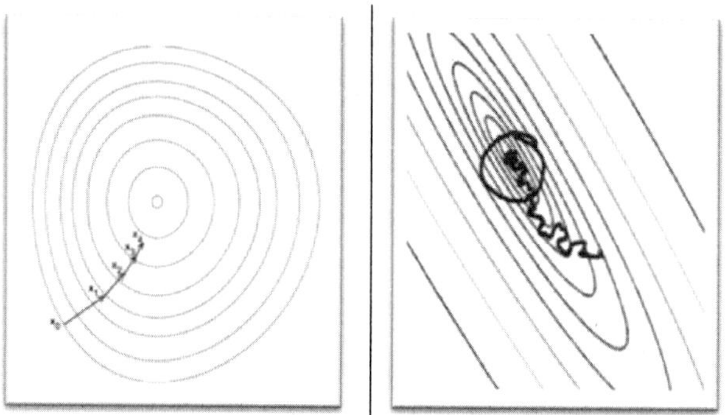

(a) 梯度下降法，GD　(b) 随机梯度下降法，SGD

图1-7　GD与SGD

1.5　神经网络架构

神经网络的架构是由节点的连接方式、网络的层数（即输入层与输出层之间的节点层数）和每层的神经元数量决定的。神经网络的架构有很多种，本书主要讲其中的两大类。

1.5.1　多层感知器

在多层网络中，可以这样定义每层中的人工神经元：

- 每个神经元与下一层的所有神经元均相连；
- 同一层的神经元之间均不相连；
- 不相邻的层中的神经元之间没有联系；
- 网络的层数和每层中神经元的数量取决于需要解决的问题。

输入和输出层负责数据的输入和输出，输入/输出层中间的层称为隐藏层，其复杂程度决定网络的不同表现。最后，神经元之间的连接情况用邻接矩阵表示，邻接矩阵的数量取决于有多少对相邻层。矩阵中的每个元素代表相邻层间对应的两个节点的连接权重。同一层内不含有环的网络称为前馈网络。

多层感知器的结构如图1-8所示。

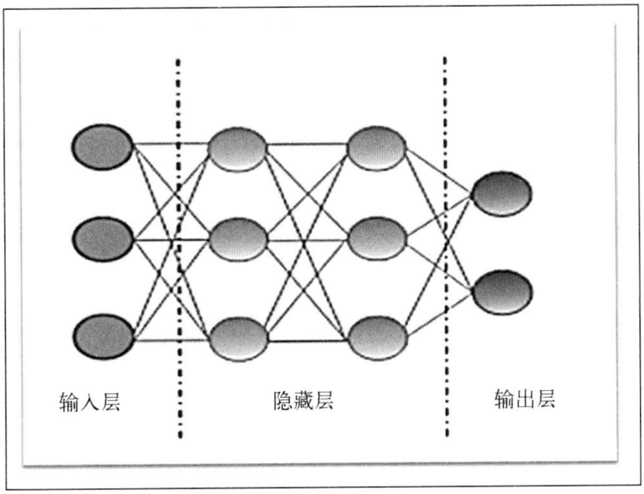

图1-8 多层感知器结构

1.5.2 DNN 架构

深度神经网络是专为深度学习设计的一种人工神经网络模型。遇到极其复杂、一般分析方法难以处理的数据时，深度神经网络便成为有力的建模工具。DNN本质是一种神经网络，和我们之前讨论过的那些很相似，也遵循机器学习问题（监督学习）的基本学习定律，但其实现的模型更为复杂（神经元数、隐藏层数和连接数大大增加）。

DNN可以并行工作，所以能够处理大量数据。它是一个成熟的统计系统，且容错性很强。

与一般的算法系统不同，神经网络的输出并不能逐步检查，但它仍然可以得出可靠结果——虽然有时其结果并不具备可解释性。没有哪个定理能指导生成最优神经网络，能否建立性能优秀的神经网络取决于建立者是否对统计学概念足够熟悉，是否认真选择了合适的网络参数。

> 关于各种神经网络及其相关资料的简单总结，详见Asimov研究所网站http://www.asimovinstitute.org/neural-network-zoo/。

最后，我们发现，若要得出优秀的DNN，训练中权值的调优至关重要。如果在数据量较大、涉及变量较多的情况下希望得到最优结果，训练过程可能耗费相当长的时间。本节简要介绍几种深度学习架构，本书后续章节会对它们进行详细讲解。

1.5.3　卷积神经网络

卷积神经网络（**Convolutional Neural Networks, CNN**）是针对图像识别设计的神经网络模型。学习过程中用到的每个图像都被分成若干个紧拓扑窗口，滤波器会处理这些窗口，以寻找特定模式。该模型将每个图像表示为一个三维的像素矩阵（宽度、高度和颜色），并用一组滤波器对每个子窗口进行卷积运算。换句话说，模型会将各滤波器依次加载到图像上，计算各滤波矩阵与输入图像的内积。该过程会为不同滤波器生成一系列特征映射（激活映射）。通过叠加图像中同一窗口的不同特征映射，即可获得输出。网络中的这种层称为**卷积层**。

图1-9展示了CNN的一种典型架构。

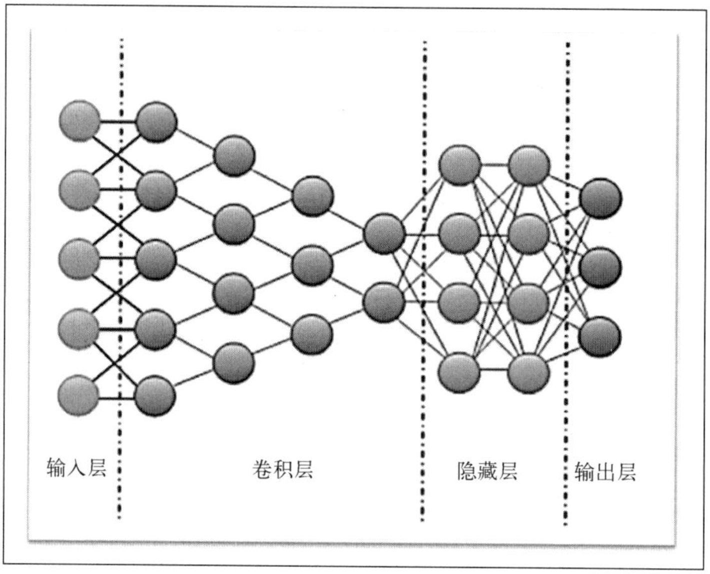

图1-9　卷积神经网络结构

1.5.4　受限玻尔兹曼机

受限玻尔兹曼机（**Restricted Boltzman Machine, RBM**）由一个可见节点层和一个隐藏节点层组成。根据限制条件，层内节点互不相连，层间节点才可能有连边。这些限制条件可使训练效率更高（训练可以是监督或无监督的）。

这种模型可以用较小的网络表示大量输入特征，实际上，n个隐藏节点最多可以表示$2n$个特征。这种网络可被训练用于回答二元问题，少则回答一个一般疑问句，多则$2n$个。

RBM的结构如图1-10所示，其神经元组成一个对称的二部图。

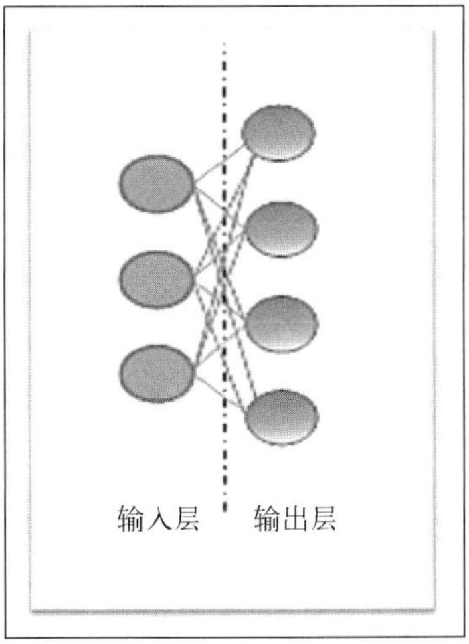

图1-10 受限玻尔兹曼机结构

1.6 自编码器

栈式自编码器是一种深度神经网络，一般用于数据压缩。它拥有特殊的沙漏结构，清晰展示数据压缩和解压过程。从输入层到所谓的“瓶颈”是数据的压缩过程，从“瓶颈”开始到输出层便是解压过程。

自编码器的输出数据是输入数据的一个近似，如图1-11所示。网络在预训练（压缩）阶段是无监督的，而微调（解压）过程属于监督学习。

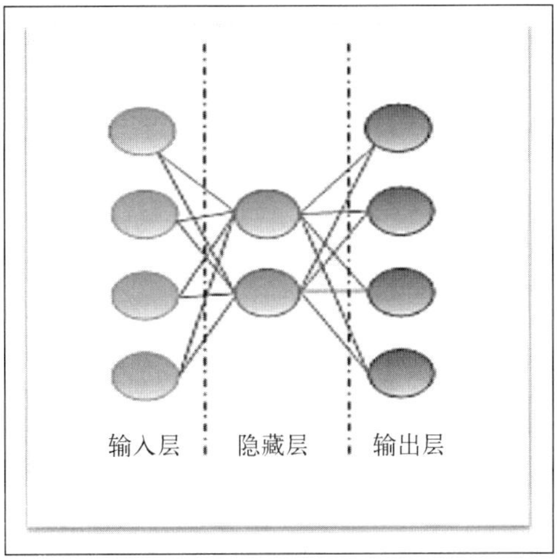

图1-11 栈式自编码器结构

1.7 循环神经网络

循环神经网络（**Recurrent Neural Networks, RNN**）的基本特征是，网络中含有至少一个反馈连接，所以网络的激活可以在环中游走。RNN能够处理时间相关的数据并学习时序信息，例如进行序列识别/重现，或时序关联/预测。RNN架构拥有许多不同形式，一种常见的形式是由标准的**多层感知器**（**Nultilayer Perceptron, MLP**）加上一些环构成的。这种结构可以有效利用MLP强大的非线性映射特性，并具有一定的记忆能力。其他形式的RNN结构大同小异，一般每个神经元都可能与其余所有神经元相连，有的还具有随机激活函数。对于结构简单、具有确定激活函数的RNN，可以采用和前馈网络使用的反向传播算法相似的梯度下降方法进行学习。

图1-12展示了RNN的几个最重要特征。

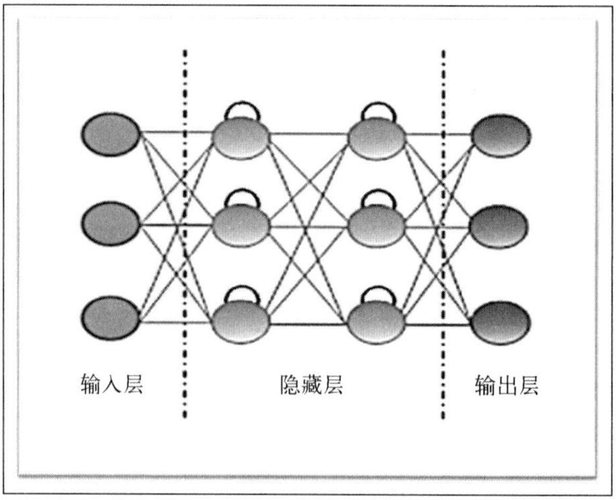

图1-12 循环神经网络结构

1.8 几种深度学习框架对比

本节将介绍深度学习中最常用的几种框架。总体言之，几乎所有库都支持用图形处理器加速学习过程，在开放许可证下发行，并由高校研究团队设计实现。开始对比各种框架的优劣之前，建议各位先浏览图1-13，里面包含了迄今为止几乎所有类型的神经网络架构。如果浏览相关网站和论文，你会发现神经网络的概念出现很早，而我们将要对比的几种开发框架实际上仍然沿用了类似结构。

- **Theano**：可能是当前使用最广的库。该库用Python实现，Python也是机器学习领域最常用的语言之一（TensorFlow也使用Python）。Theano支持GPU计算，可以达到CPU运算速度的24倍。另外，Theano还允许用户定义、优化和评估复杂的数学表达式，如多维数组等。

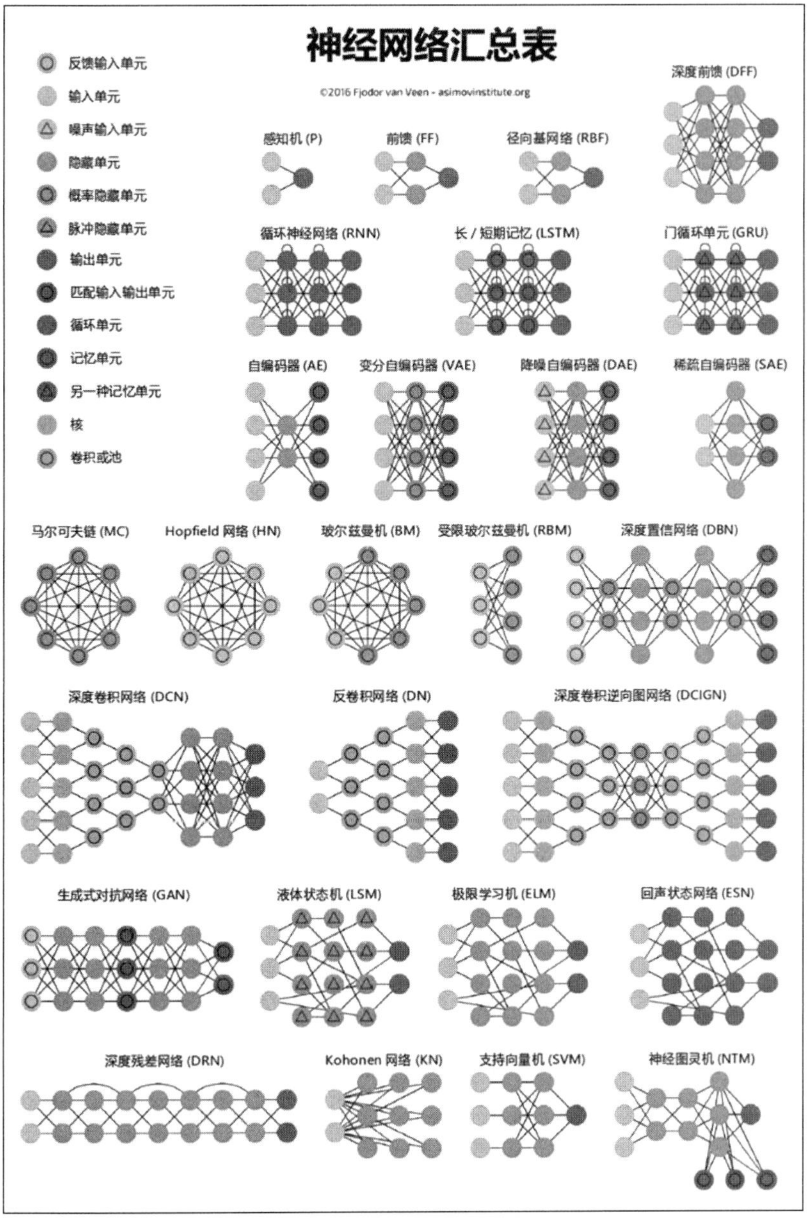

图1-13 神经网络汇总表（来源：http://www.asimovinstitute.org/neural-network-zoo/）

- **Caffe**：该框架最早由加州大学伯克利分校视觉与学习中心（BVLC）开发，在对表达式的支持性、速度和模块化等方面表现十分优秀。该框架拥有独特架构，使得CPU运算能够较为容易地转为GPU运算。近几年，由于用户群的增大，框架的开发速度也十分迅速。Caffe也基于Python，但由于需要编译很多支持库，所以安装过程耗时较长。

- **Torch**：一个大型机器学习生态系统，提供大量算法和函数，其中包括深度学习框架和音频/视频等多媒体处理工具，尤其专注于并行计算。该框架提供优秀的C语言接口，并拥有很大的用户群。Torch是脚本语言Lua的扩展库，其目标是为机器学习系统的设计和训练提供灵活的环境。Torch是一个独立、完备的框架，高度便携、跨平台（如Windows、Mac、Linux和Android），且其脚本在各种平台上运行时无需经过任何修改。Torch包为不同应用场景提供了很多有用的特性。

表1-1总结了各框架的主要功能，其中的TensorFlow框架将在后续章节讲解（肯定要讲的啊！）。

表1-1　深度学习框架对比

	TensorFlow	Torch	Caffe	Theano
使用语言	Python和C++	Lua	C++	Python
GPU支持	支持	支持	支持	默认不支持
优点	● 计算图抽象，同Theano ● 编译速度比Theano更快 ● 拥有可视化模块Tensor Board ● 数据和模型并行	● 设置简单 ● 错误信息参考性强 ● 提供大量示例代码和教程	● 前馈网络、图像处理方面表现优秀 ● 已有网络的调优效果优秀 ● 实用的Python接口	● 强大的Python语法 ● 拥有高层附加框架 ● 提供大量示例代码和教程
不足	● 运行速度较其他框架慢 ● 预训练的模型不多 ● 计算图为纯Python实现，故速度较慢 ● 无商业支持	● 在CentOS上很难安装配置	● 错误信息较难理解 ● 新建GPU层要用C++/CUDA编程实现 ● 循环网络效果不佳 ● 无商业支持	● 错误信息参考性不强 ● 较大的模型编译时间会很长

1.9　小结

本章介绍了深度学习的几个基本主题，包括为数据建立层级结构的一系列算法。将代表每一层的简单单元组合起来，从输入层向更高层逐层推进、逐渐抽象，即可形成具有层级结构的神经网络。

近年来，深度学习相关技术在许多领域（如图像识别和语音识别领域）取得了前所未有的成效。这些技术得以广泛应用的一个主要原因是，GPU架构的发展大大缩短了DNN的训练时间。DNN架构有很多种，它们都是为专门的应用问题而设计的。本书后续章节会详细介绍这些架构，同时展示一些用TensorFlow框架创建的应用示例。

本章末尾概述了几种常见的深度学习框架。

下一章将正式踏入深度学习的大门，介绍TensorFlow软件库。我们会描述其主要特性，讲解如何安装该框架，并配置第一个工作会话。

第2章

TensorFlow初探

TensorFlow是一个数学软件，同时也是一个开源的机器智能软件库，由Google Brain团队于2011年开发。开发TensorFlow的最初目标是进行**机器学习**和**深度神经网络**方面的研究，然而，该系统在很多其他领域也非常适用。

TensorFlow的名字来源于一种称为**张量（tensor）**的**数据模型**和代表TensorFlow执行模型的**数据流图**。2015年，谷歌采用Apache 2.0协议开源了TensorFlow及其所有参考实例，并将其所有源代码发布在GitHub上。随后，随着TensorFlow在学术界、工业界的广泛使用，谷歌发行了其稳定版本1.0，拥有统一API。

本章将会根据你的需求和TensorFlow 1.*x*版本那些令人振奋的特性，描述TensorFlow的主要功能。以下主题将会得到详细讨论：

- 总览
- TensorFlow安装与入门
- 计算图
- 编程模型
- 数据模型
- TensorBoard
- 实现单个输入神经元
- 迁移到TensorFlow 1.*x*版本

2.1 总览

TensorFlow是采用数据流图进行数值计算的开源软件库，方便机器学习从业者完成更多数据密集型计算。它为常见的深度学习算法提供了一些健壮的实现。流图中的节点代表数学操作，边表示多维张量，用于保证边和节点之间的联系。TensorFlow提供了一个灵活的架构，使你仅通过一个API就能有效利用桌面、服务器乃至移动设备上的一个或多个CPU或GPU的计算能力。

2.1.1　TensorFlow 1.*x*版本特性

TensorFlow 1.0对API的改进有些是不能向后兼容的。也就是说，在TensorFlow 0.*x*版本上运行正常的程序，有可能在1.*x*版本上无法运行。这些API的变化是为了保证其内部一致性。换句话说，谷歌在TensorFlow 1.*x*的生命周期内没有计划对之前版本进行什么大的改进。

在TensorFlow 1.*x*版本中，Python API被修改得更接近NumPy，这使得该版本在数组计算方面更加稳定。这一版本还引入了Java和GO这两个试验API，对Java和GO语言开发者来说是个好消息。

谷歌还开发了一个新的工具，名为**TensorFlow调试器**（tfdbg）。该工具为命令行界面，是用来在线调试TensorFlow程序的API。用于物体识别和定位、基于相机的图像风格化的新的Android演示程序（https://github.com/tensorflow/tensorflow/tree/r1.0/tensorflow/examples/android）已上线，可供参考。

现在，可以通过Anaconda和Docker镜像安装TensorFlow。最重要的是，针对TensorFlow图的CPU和GPU计算，谷歌为其引入了一种新的领域特定编译器，名为**加速线性代数**（**Accelerated Linear Algebra，XLA**）。

2.1.2　使用上的改进

TensorFlow 1.*x*版本提供的主要特性如下。

- **运算速度更快**：TensorFlow 1.0版本升级的主要改进是，速度显著提高。以inception v3模型为例，在8片GPU上，其运算速度提升至之前的7.3倍，而分布式inception模型（即在64片GPU上训练的v3模型）速度更提升至58倍。
- **灵活性**：TensorFlow不仅仅是一个深度学习或机器学习软件库，还是一个强大的数学函数库，拥有大量可以解决各种问题的函数。基于数据流图的执行模型使你能够利用简单的子模型构建非常复杂的模型。TensorFlow 1.0引入了高级API，包括`tf.layers`、`tf.metrices`、`tf.losses`和`tf.keras`这几个模块。这些模块使得TensorFlow十分适用于高级别神经网络运算。
- **便携性**：TensorFlow可运行在多个平台上，如Windows、Linux、Mac和移动计算平台（即Android）等。
- **便于调试**：TensorFlow提供TensorBoard工具，可对开发的模型进行分析。
- **统一的API**：TensorFlow提供了一种非常灵活的架构，使你可以仅用一个API在桌面、服务器或移动设备等平台上的一个或多个CPU或GPU上部署运算。
- **便捷的GPU计算**：TensorFlow能够自动对内存和使用数据进行管理和优化。现在，你可以使用NVIDIA、cuDNN和CUDA工具包，在自己的计算机上进行大规模、数据密集型GPU计算。

- **易用性**：TensorFlow适用于各界人士。它可以服务在校生、研究人员和深度学习从业者，也可供本书读者研究学习。
- **轻松投产**：最近，采用神经网络模型的机器翻译已投入生产。TensorFlow 1.0的Python API极其稳定，可以保证其应用到生产层面时，选择需要的新功能，而无需对现有产品的代码做过多改动。
- **可扩展性**：TensorFlow是一个相对较新的技术，人们仍在不断对其进行开发、改进。然而，它也具有高度可扩展性，其源代码公开在GitHub上（https://github.com/tensorflow/tensorflow）。如果TensorFlow里没有你需要的低级数据操作符，也可以自己用C++编写并添加到框架。
- **支持性**：TensorFlow拥有一个巨大的开发者和用户社区，成员们通力合作，提供使用反馈、书写源代码，为TensorFlow的改进贡献着自己的一份力量。
- **使用广泛**：众多科技巨头在其商业产品里使用了TensorFlow框架。例如ARM、谷歌、英特尔、eBay、Qualcomm、SAM、Dropbox、DeepMind、爱彼迎、Twitter等。

2.1.3 TensorFlow 安装与入门

现在，TensorFlow支持许多平台上的安装，如Linux、Mac OS和Windows。你也可以通过TensorFlow在GitHub上最新的源代码进行编译和安装。另外，如果你的计算机平台是Windows，那么可以通过虚拟机安装，或安装新发布的TensorFlow Windows版。TensorFlow的Python API支持Python 2.7和Python 3.3+，所以安装TensorFlow之前需要先安装Python。Cuda Toolkit 7.5和cuDNN v5.1+也是必须安装的。本章将展示如何安装并开始使用TensorFlow。对TensorFlow在Linux上的安装我们叙述得较为详细，而Windows上的安装方法也给出了简要讲解。

> 注意，从这一节起，我们给出的源代码均基于Python 2.7。如果你需要兼容Python 3.3+版本的对应源代码，请至Packt代码仓库查看。

> TIP TensorFlow在Mac OS上的安装与Linux大同小异。更多细节参见https://www.tensorflow.org/install/install_mac。

2.2 在 Linux 上安装 TensorFlow

本节介绍如何在Ubuntu 14.04或更高版本上安装TensorFlow。此处的安装指南也基本适用于其他Linux发行版。

为平台选择安装版本

开始执行正式的安装步骤之前，需要确定在你的平台上应该安装TensorFlow的哪个版本。TensorFlow在GPU、CPU上均可运行数据密集型张量应用。因此，你应当为你的平台选择以下版本之一。

- **仅支持CPU运算的TensorFlow**：如果你的设备上没有配备GPU（如NVIDIA），那么必须安装使用CPU版本的TensorFlow。该版本安装十分简单，只需5~10分钟即可完成。
- **支持GPU运算的TensorFlow**：你可能已了解到，深度学习应用一般需要极高的数据密集型计算资源。TensorFlow也不例外，但它可以利用GPU资源显著加速数据运算和分析，而不仅仅依赖于CPU的计算能力。因此，如果你的机器上装有NVIDIA GPU硬件，那么最好安装使用GPU版本的TensorFlow。

2.3　为 TensorFlow 启用 NVIDIA GPU

TensorFlow的GPU启用版本有几个安装要求，如64位Linux、Python 2.7（或Python 3的3.3以上版本）、NVIDIA CUDA 7.5（Pascal GPU需要安装CUDA 8.0）、NVIDIA cuDNN v4.0（最低）或v5.1（推荐）。更具体地说，当前的TensorFlow仅支持使用NVIDIA工具包和软件的GPU计算。以下软件必须安装到你的机器上。

2.3.1　第 1 步：安装 NVIDIA CUDA

安装NVIDIA GPU版本的TensorFlow之前，要先安装CUDA Toolkit 8.0及与之相关的NVIDIA驱动。

> 更多细节信息参见以下NVIDIA文档https://developer.nvidia.com/cuda-downloads。

请移步https://developer.nvidia.com/cuda-downloads下载安装需要的包。界面如图2-1所示。

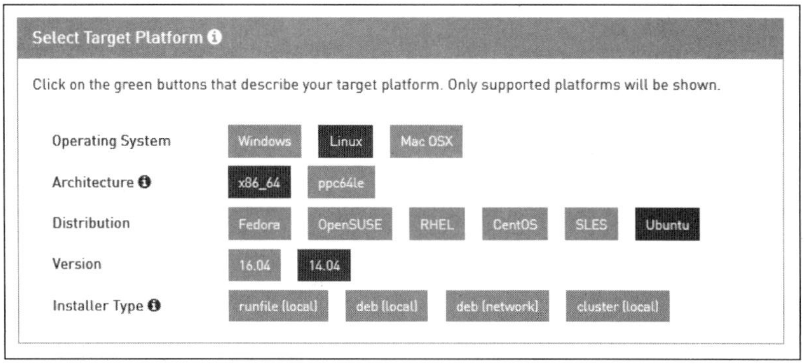

图2-1　不同平台上可用的CUDA包

另外，切记要将Cuda安装路径添加到环境变量`LD_LIBRARY_PATH`中。

2.3.2 第 2 步：安装 NVIDIA cuDNN v5.1+

CUDA工具包安装完成后，请至https://developer.nvidia.com/cudnn下载Linux版本的cuDNN v5.1库。界面如图2-2所示。

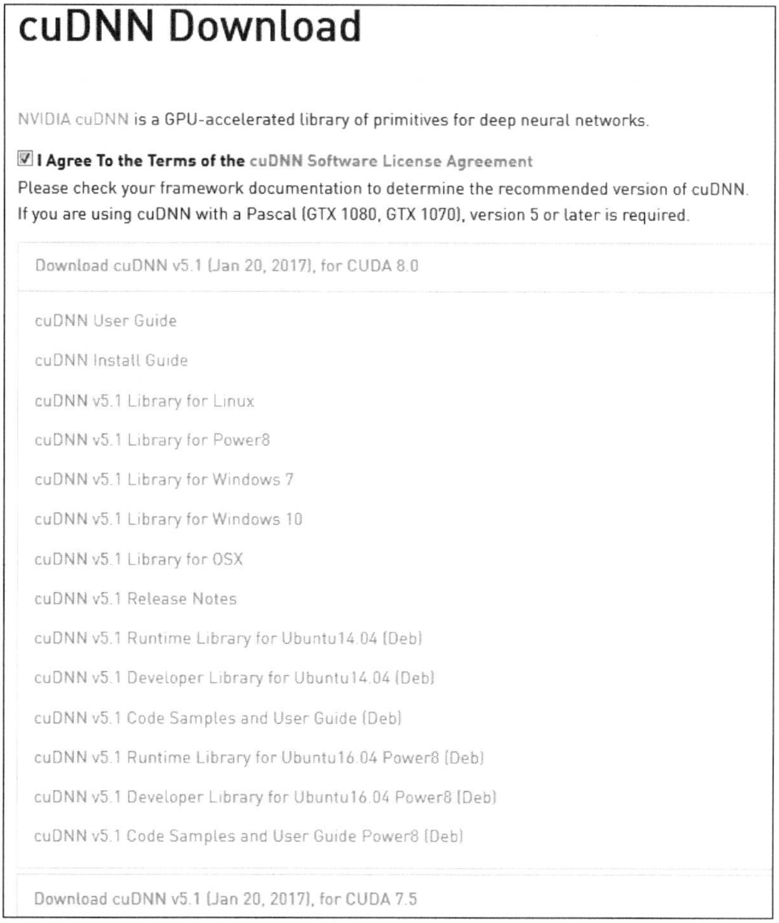

图2-2 不同平台上可用的cuDNN v5.1库

下载后，解压文件并将其复制到CUDA工具包的路径（假设为`/usr/local/cuda/`）：

```
$ sudo tar -xvf cudnn-8.0-linux-x64-v5.1.tgz -C /usr/local
```

请注意，若要安装cuDNN v5.1库，必须在https://developer.nvidia.com/accelerated-computing-developer注册加入“加速运算开发者计划”。

成功安装cuDNN v5.1库后，务必创建`CUDA_HOME`环境变量。

2.3.3　第 3 步：确定 GPU 卡的 CUDA 计算能力为 3.0+

若要正常使用第1步和第2步中安装的库和工具，请确定你的机器的GPU卡CUDA计算能力在3.0以上。

2.3.4　第 4 步：安装 libcupti-dev 库

最后，你需要在机器上安装`libcupti-dev`库。它是NVIDIA CUDA的依赖库，可提供高级分析支持。要安装该库，请输入以下命令：

```
$ sudo apt-get install libcupti-dev
```

2.3.5　第 5 步：安装 Python（或 Python 3）

如果你对Python或TensorFlow不甚熟悉，我们建议你使用pip安装TensorFlow。Ubuntu自带Python 2+和3.3+。使用以下命令，检查Python或Python 3是否已安装到系统：

```
$ python -V
```

期望输出：

```
Python 2.7.6
$ which python
```

期望输出：

```
/usr/bin/python
```

对于Python 3.3+，使用以下命令：

```
$ python3 -V
```

期望输出：

```
Python 3.4.3
```

如果你希望安装某个具体版本，输入：

```
$ sudo apt-cache show python3
$ sudo apt-get install python3=3.5.1*
```

2.3.6　第 6 步：安装并升级 PIP（或 PIP3）

Ubuntu一般会自带pip或pip3包。使用以下命令查看pip或pip3是否已安装：

```
$ pip -V
```

期望输出：

```
pip 9.0.1 from /usr/local/lib/python2.7/dist-packages/pip-9.0.1-py2.7.egg
(python 2.7)
```

对于Python 3.3+，使用下述命令：

```
$ pip3 -V
```

期望的输出如下：

```
pip 1.5.4 from /usr/lib/python3/dist-packages (python 3.4)
```

强烈推荐安装pip 8.1以上版本或pip3 1.5以上版本，以获得更好的结果和更流畅的运算过程。如果未安装pip 8.1+或pip3 1.5+，可以安装或升级到最新版pip。安装命令如下：

```
$ sudo apt-get install python-pip python-dev
```

对于Python 3.3+，使用下述命令：

```
$ sudo apt-get insatll python3-pip python-dev
```

2.3.7 第 7 步：安装 TensorFlow

2.4节将一步步详细叙述如何安装TensorFlow最新版本，包括CPU版本，以及含有NVIDIA cuDNN及CUDA计算能力支持的GPU版本。

2.4 如何安装 TensorFlow

你可以使用多种方法将TensorFlow安装到你的机器上，如使用virtualenv、pip、Docker和Anaconda等。然而，使用Docker和Anaconda安装较为复杂，所以我们决定使用pip和virtualenv安装。

感兴趣的读者可以在https://www.tensorflow.org/install/上找到使用Docker和Anaconda的安装方法。

2.4.1 直接使用 pip 安装

如果你顺利完成了步骤1~6，就可以使用以下命令安装 TensorFlow了。Python 2.7 CPU版本TensorFlow安装命令如下：

```
$ pip install tensorflow
```

Python 3.*x* CPU版本安装命令为：

```
$ pip3 install tensorflow
```

Python 2.7 GPU版本使用下述命令：

```
$ pip install tensorflow-gpu
```

对于Python 3.*x* GPU版本，使用：

```
$ pip3 install tensorflow-gpu
```

如果使用上述命令安装失败，可以手动输入安装包网址，从而安装最新版本TensorFlow，即下述命令：

```
$ sudo pip install --upgrade TF_PYTHON_URL
```

对于Python 3.*x*，使用：

```
$ sudo pip3 install --upgrade TF_PYTHON_URL
```

上述两条命令中的`TF_PYTHON_URL`指的是https://www.tensorflow.org/install/install_linux#the_url_of_the_tensorflow_python_package中TensorFlow对应版本的Python安装包地址。

例如，若要安装最新的CPU版TensorFlow（比如v1.0.1），使用命令如下：

```
$ sudo pip3 install --upgrade
https://storage.googleapis.com/tensorflow/linux/cpu/tensorflow-1.0.1-cp34-cp34m-
linux_x86_64.whl
```

2.4.2　使用 virtualenv 安装

假设你的系统已安装了Python 2+（或3+）和pip（或pip3），那么可以使用以下步骤安装TensorFlow。

(1) 使用下述命令创建virtualenv环境：

```
$ virtualenv --system-site-packages targetDirectory
```

`targetDirectory`指的是virtualenv的根路径。该路径默认为`~/tensorflow`（当然，你可以使用自定义路径）。

(2) 使用如下命令激活`virtualenv`环境：

```
$ source ~/tensorflow/bin/activate # bash, sh, ksh, or zsh
$ source ~/tensorflow/bin/activate.csh # csh or tcsh
```

如果步骤2中的命令生效，那么终端里将会显示：

```
(tensorflow)$
```

(3) 安装TensorFlow：

使用下述命令，在已激活的virtualenv环境中安装TensorFlow。对于Python 2.7 CPU版本，使用：

```
(tensorflow)$ pip install --upgrade tensorflow
```

(4) 对于Python 3.*x* CPU版本，使用下述命令：

```
(tensorflow)$ pip3 install --upgrade tensorflow
```

(5) 对于Python 2.7 GPU版本，命令为：

```
(tensorflow)$ pip install --upgrade tensorflow-gpu
```

(6) 而Python 3.*x* GPU版本的命令为：

```
(tensorflow)$ pip3 install --upgrade tensorflow-gpu
```

若上述命令成功执行，则TensorFlow安装成功，跳过下一步；若失败，执行下一步。

若执行失败，尝试采用以下格式的命令进行安装。Python 2.7（选择CPU或GPU版本对应的URL）的命令为：

```
(tensorflow)$ pip install --upgrade TF_PYTHON_URL
```

对于Python 3.*x*（同样选择CPU或GPU版本对应的URL），命令为：

```
(tensorflow)$ pip3 install --upgrade TF_PYTHON_URL
```

不同版本的TensorFlow对应不同的`TF_PYTHON_URL`值。这个值指的是https://www.tensorflow.org/install/install_linux#the_url_of_the_tensorflow_python_package中TensorFlow对应版本的Python安装包地址。

例如，若要安装最新的CPU版TensorFlow（比如v1.0.1），使用命令如下：

```
(tensorflow)$ pip3 install --upgrade
https://storage.googleapis.com/tensorflow/linux/cpu/tensorflow-1.0.1-cp34-cp34m-
linux_x86_64.whl
```

若要**验证**步骤3中的安装是否成功，必须激活虚拟环境。如果virtualenv环境尚未激活，执行下述命令中的一条：

```
$ source ~/tensorflow/bin/activate        # bash, sh, ksh, or zsh
$ source ~/tensorflow/bin/activate.csh    # csh or tcsh
```

若要**卸载TensorFlow**，只需删除其安装路径。例如：

```
$ rm -r targetDirectory
```

2.4.3 从源代码安装

直接使用pip安装的TensorFlow可能会在使用TensorBoard时出现问题。因此，我建议直接从源代码编译安装TensorFlow。

更多细节请至https://github.com/tensorflow/tensorflow/issues/530查看。

若要从源代码编译生成TensorFlow，首先要在机器上安装软件自动编译和测试工具Bazel。如果尚未安装，可运行以下命令从APT仓库安装Bazel（推荐）：

```
$ sudo apt-get install software-properties-common swig
$ sudo add-apt-repository ppa:webupd8team/java
$ sudo apt-get update
$ sudo apt-get install oracle-java8-installer
$ echo "deb http://storage.googleapis.com/bazel-apt stable jdk1.8" |
sudo tee /etc/apt/sources.list.d/bazel.list
$ curl https://storage.googleapis.com/bazel-apt/doc/apt-key.pub.gpg | sudo
apt-key add -
$ sudo apt-get update
$ sudo apt-get install bazel
```

或者，根据http://bazel.io/docs/install.html所示步骤，下载二进制安装包进行安装。

安装所需依赖包：

```
$ sudo apt-get install pkg-config zip g++ zlib1g-dev unzip
```

到https://github.com/bazelbuild/bazel/releases下载Bazel二进制安装包bazel-0.5.2-installer-linux-x86_64.sh。该安装包内包含GDK，但若机器中已安装GDK，也可以使用该包。还有一个bazel-0.5.2-without-jdk-installer-linux-x86_64.sh版本，适用于已安装GDK 8的机器。

执行下述命令运行安装包并设置环境（更多细节参见http://bazel.io/docs/install.html）：

```
$ chmod +x bazel-0.5.2-installer-linux-x86_64.sh
$ ./bazel-0.5.2-installer-linux-x86_64.sh --user
```

Bazel安装完成后，执行下述命令安装Python依赖包：

```
$ sudo apt-get install python-numpy swig python-dev
```

接着即可执行TensorFlow的源码安装步骤：

将整个TensorFlow仓库克隆到本地：

```
$ git clone --recurse-submodules https://github.com/tensorflow/tensorflow
```

使用以下命令配置安装模式（GPU或CPU）：

```
$ ./configure
```

使用Bazel创建TensorFlow安装包：

```
$ bazel build -c opt //tensorflow/tools/pip_package:build_pip_package
```

若要编译GPU支持，使用以下命令：

```
$ bazel build -c opt --config=cuda //tensorflow/tools/pip_package:build_pip_package
```

2

最后，用编译好的安装包安装TensorFlow。下面展示了不同Python版本的安装命令。

对于Python 2.7：

```
$ sudo pip install --upgrade /tmp/tensorflow_pkg/tensorflow-1.0.11-*.whl
```

对于Python 3.5：

```
$ sudo pip3 install --upgrade /tmp/tensorflow_pkg/tensorflow-1.0.1-*.whl
```

此处`.whl`的具体文件名取决于你的平台（也就是系统）。

2.5　在 Windows 上安装 TensorFlow

如果你的操作系统是Windows，且确实不打算安装Linux系统，那么可以在Linux虚拟机上安装TensorFlow，或安装新发布的Windows版TensorFlow。

2.5.1　在虚拟机上安装 TensorFlow

如果机器上没有安装Linux系统，你可以在虚拟机上安装TensorFlow。使用免费软件VirtualBox可以在Windows上创建虚拟机并安装一个64位Ubuntu系统。这样，在此虚拟机上，你就可以直接使用2.4节中Linux系统下的方法安装TensorFlow。

需要注意的是，如果你需要TensorFlow的GPU启用版本，我们不推荐采用此方式安装。因为虚拟机或其他容器（如Docker）无法直接访问宿主机的NVIDIA GPU资源。

2.5.2　直接安装到 Windows

2016年11月起，TensorFlow开始发布原生Windows版本，用户终于可以不必借助虚拟机，而直接在Windows上安装TensorFlow了。

目前TensorFlow的Windows版本仅支持64位Python 3.5.*x*。注意，Python 3.5.*x*对应pip3包管理工具，所以安装TensorFlow时应使用pip3命令。以管理员权限运行Windows命令提示符，输入以下命令安装TensorFlow CPU版本：

```
C:\> pip3 install --upgrade tensorflow
```

若需要安装GPU版本，则输入以下命令：

```
C:\> pip3 install --upgrade tensorflow-gpu
```

注意，Windows上的TensorFlow GPU版本同样需要CUDA Toolkit 8.0和cuDNN v5.1支持，因此请先选择相应的Windows版本安装，并创建环境变量。若安装过程遇到问题或需要获取更多安装细节，请到https://www.tensorflow.org/install/install_windows查看官方安装指南。

2.6 测试安装是否成功

打开Python终端，输入以下代码：

```
>>> import tensorflow as tf
>>> hello = tf.constant("Hello TensorFlow!")
>>> sess=tf.Session()
```

为测试TensorFlow安装是否成功，输入：

```
>>> print sess.run(hello)
```

如果安装成功，你将会看到以下输出：

```
Hello TensorFlow!
```

2.7 计算图

每当执行一项操作，比如训练一个神经网络，或对两个整型变量求和，TensorFlow内部会将运算过程表示为一个**数据流图**（或**计算图**）。

计算图是由以下部分组成的有向图：

- 一组节点，每个节点代表一项操作；
- 一组有向边，每条边代表被操作的那部分数据。

TensorFlow具有两种类型的边。

- **普通边**：在节点之间承载数据结构的唯一单元。前一个节点中操作的输出成为下一个操作的输入。两个节点之间的连边负责值的传递。
- **特殊边**：这种边不负责传递值。它表示节点A与B之间的一个**控制依赖**。也就是说，只有在节点A中的操作执行完成后，才能执行节点B中的操作。

TensorFlow定义了**控制依赖**，为独立操作指定执行顺序，作为限制内存使用峰值的一种方法。

计算图的基本格式类似于**流程图**。简单运算 $z = d \times c = (a+b) \times c$ 的计算图如图2-3所示。

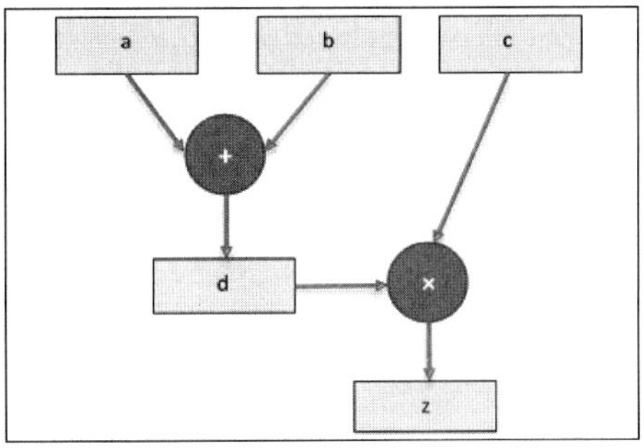

图2-3 一个简单的计算图

图2-3中，圆圈代表计算图中的操作，矩形代表计算图中的数据。

2.8 为何采用计算图

TensorFlow中的另一个重要概念是**延迟执行**，即在计算图的创建阶段，你可以设计非常复杂的表达式（我们称为**高度复合**）。在你随后对其进行运行、评估时，TensorFlow会自动对操作进行优化调度（如利用GPU令代码中各独立部分并行执行），使其以最优效率运行。

这样，如果你必须处理含有大量节点和边的极其复杂的模型，计算图可以帮助分散计算量。

最后，神经网络可以类比为一种**复合函数**，网络中的每个层可以代表一个自变量函数。

下一节将基于这种思想，详细阐述计算图在神经网络实现中的作用。

神经网络的计算图表示

以之前提到过的**前馈神经网络**为例，它可以作为一个异或门的模型，如图2-4所示。

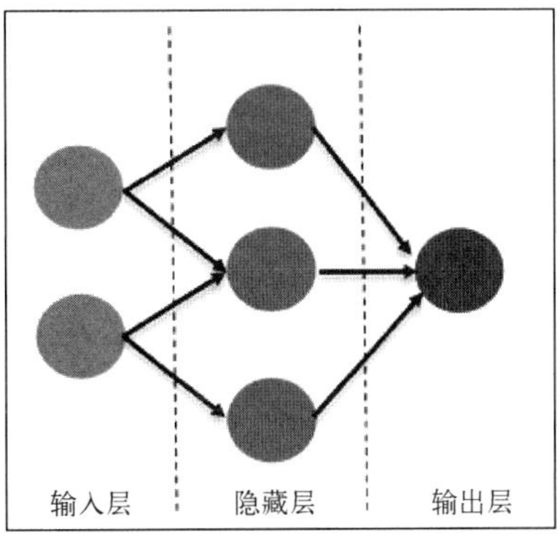

图2-4 异或问题中的神经网络架构

如果你想实现网络，图2-4表示的架构可能**不会特别有用**。因为它没有考虑**权重**和**偏差**向量，而这两个部分在反向传播算法的训练阶段是很关键的。因此，将网络**表示为**计算图（即数据在网络中**流动**的模式）就显得尤为方便。

为了方便解释，查看图2-5。

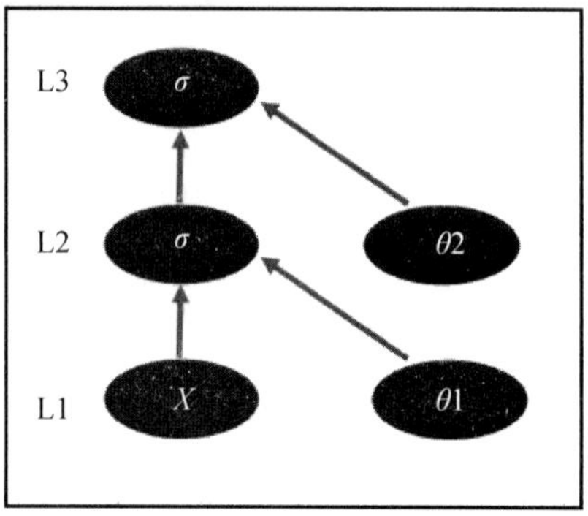

图2-5　异或神经网络的计算图实现

L3表示**输出层**，L2表示**隐藏层**，L1表示**输入层**。同样地，$\theta2$表示第二层和第三层之间的权重向量，$\theta1$表示第一层和第二层之间的权重向量。σ符号仅代表节点内部的sigmoid操作（但这些节点的输出将用L符号表示，即L1、L2和L3）。

图2-5这种表示形式中，每个节点代表的不是**单一的神经元**，而是**一种操作**。同时，箭头不代表**连接关系**，而代表网络中的**信息流**。

计算图一步一步向我们展示了函数执行顺序，以及该函数要操作哪些输入数据。

L2层的函数要操作两个输入：L1层的输出（一个向量）和权重向量$\theta1$。L3函数操作L2的输出和$\theta2$，并给出最终输出。

这种思想又引出TensorFlow的一个特色：**编程模型**。

2.9　编程模型

一个TensorFlow程序的执行过程一般可分为3个阶段：

- **创建**计算图；
- **运行**一个会话，以完成计算图中定义的操作；
- 输出数据**集合**和**分析**。

这几个主要步骤定义了TensorFlow的**编程模型**。

以下面的代码为例，在此我们希望将两个数相乘。

```
import tensorflow as tf
with tf.Session() as session:
    x = tf.placeholder(tf.float32,[1],name="x")
    y = tf.placeholder(tf.float32,[1],name="y")
    z = tf.constant(1.0)
    y = x * z
x_in = [100]
y_output = session.run(y,{x:x_in})
print(y_output)
```

当然，计算两个数的乘积还不至于用上TensorFlow；另外，对于这么一个简单的操作，上面的代码行数也太多了。但是，该示例真正想要说明的是**如何安排代码结构**。从最简单的示例（比如这一个），到最复杂的代码，该格式都适用。

另外，该示例还包含了几种最基本的命令。这些命令在本书后续的所有代码中几乎都会出现。

请注意，在本章和所有余下章节中，我们展示的源代码都基于Python 2.7语法。不过，你可以在Packt代码仓库中找到所有代码的Python 3.3+兼容版本。

示例第一行告诉我们，TensorFlow库被导入为`tf`：

```
import tensorflow as tf
```

之后，TensorFlow操作符将被表示为`tf`加一个点`.`，再加上需要用到的其他操作符的名称。下一行会使用`tf.Session()`指令，创建一个对象`session`：

```
with tf.Session() as session:
```

该对象**包含**计算图，也就是我们之前提到过的，需要执行的运算。

上述例程的计算如图2-6所示。

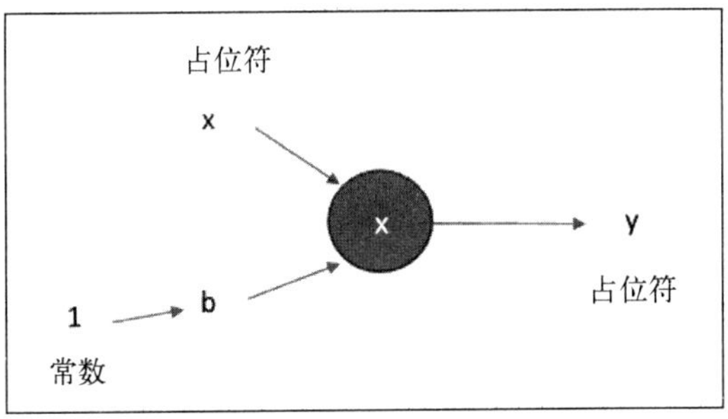

图2-6 将输入向量乘以常数1.0的计算图表示

接下来的两行代码利用占位符（placeholder）的概念，定义了变量`x`和`y`。通过占位符，可以定义输入变量（本例中的变量`x`），也可以定义输出变量（如变量`y`）。

```
x = tf.placeholder(tf.float32, [1], name='x')
y = tf.placeholder(tf.float32, [1], name='y')
```

因此，占位符便作为图中元素和该问题中的运算数据之间的接口，它使得我们不需要真实数据，只需要对数据的引用，便可创建自己的操作并建立计算图。

用placeholder函数定义一个**数据**或**张量**需要3个参数。第一个是**数据类型**。第二个是占位符的**形状**，本例中为一个一维张量（https://www.tensorflow.org/versions/r0.8/api_docs/python/framework.html#Tensor），含有一个条目。第三个是**变量名**，选择清晰合适的变量名对代码的调试和分析大有裨益。

接下来的语句定义了一个**常数**（= 1.0），并命名为b：

```
b = tf.constant(1.0)
```

现在，我们可以引入想要计算的模型了。模型中的参数是前面定义的占位符及常数：

```
y = x * b
```

会话中的语句表示将x中的数据与常数b相乘，并将乘法操作所得的结果赋值给占位符y。

接下来的代码定义了计算模型。我们的模型含有一个输入x，所以创建一个列表x_in与占位符x对应：

```
x_in = [2]
```

变量x_in的值为2。在运算过程中，该值会被传入占位符x。

最后，使用session.run命令执行计算图：

```
y_output = session.run([y], {x: x_in})
```

第一个参数是待计算的图元素列表，本例这个参数只有[y]。第二个参数{x: x_in}表示参与运算的参数及其真正取值。

session.run返回y_output作为传入的第一个参数中每个图元素的输出值，其中的每个值与每个元素的输出值对应。

最后一条指令负责打印结果：

```
9. print (y_output)
```

不要忘记，只有执行session.run()时，程序才会开始处理已定义的图元素。

该程序可以处理非常大、非常复杂的x值，所以可以创建x_in列表，并使其指向占位符x。

2.10 数据模型

TensorFlow的**数据模型**由**张量**表示。忽略那些复杂的数学定义，可以说（TensorFlow中的）“张量”指的是一个**多维数值阵列**。

这种数据结构由3个参数描述——**阶（rank）**、**形状（shape）**和**数据类型（type）**。

2.10.1 阶

每个张量的维度单位用**阶**来描述。它定义了张量的维数，因此，也被称为一个张量的量级或张量的*n*个维。零阶张量是一个标量，一阶张量是一个向量，二阶张量是一个矩阵。

下面的代码定义了TensorFlow中的**标量**、**向量**、**矩阵**和**立方阵**（cube_matrix）。下一个例子将展示阶是如何工作的。

```
import tensorflow as tf

scalar = tf.constant(100)
vector = tf.constant([1,2,3,4,5])
matrix = tf.constant([[1,2,3],[4,5,6]])
cube_matrix = tf.constant([[[1],[2],[3]],[[4],[5],[6]],[[7],[8],[9]]])

print(scalar.get_shape())
print(vector.get_shape())
print(matrix.get_shape())
print(cube_matrix.get_shape())
```

代码的输出为：

```
>>>
()
(5,)
(2, 3)
(3, 3, 1)
>>>
```

2.10.2 形状

张量的**形状**指的是其行数和列数。下面的代码展示了前面定义的几个张量的阶与形状的关系：

```
>>scalar.get_shape()
TensorShape([])

>>vector.get_shape()
TensorShape([Dimension(5)])
```

```
>>matrix.get_shape()
TensorShape([Dimension(2), Dimension(3)])

>>cube1.get_shape()
TensorShape([Dimension(3), Dimension(3), Dimension(1)])
```

2.10.3 数据类型

除了阶和形状，张量还具有**数据类型**。表2-1是张量的数据类型汇总表。

表2-1　张量的数据类型

数据类型	Python表示	描　述
DT_FLOAT	tf.float32	32位浮点型
DT_DOUBLE	tf.float64	64位浮点型
DT_INT8	tf.int8	8位有符号整型
DT_INT16	tf.int16	16位有符号整型
DT_INT32	tf.int32	32位有符号整型
DT_INT64	tf.int64	64位有符号整型
DT_UINT8	tf.uint8	8位无符号整型
DT_STRING	tf.string	可变长度的字节序列。张量中的每个元素都是一个字节序列
DT_BOOL	tf.bool	布尔型
DT_COMPLEX64	tf.complex64	复数型，由两个32位浮点型组成，分别作为实部和虚部
DT_COMPLEX128	tf.complex128	复数型，由两个64位浮点型组成，分别作为实部和虚部
DT_QINT8	tf.qint8	8位有符号整型，在量化型op中使用
DT_QINT32	tf.qint32	32位有符号整型，在量化型op中使用
DT_QUINT8	tf.quint8	8位无符号整型，在量化型op中使用

我们相信表2-1中的介绍已经足够清晰完整，因此不再专门详细介绍每一种数据类型。注意，TensorFlow中数据的传递需要通过其API与NumPy数组的**交互**来完成。

若要使用常数构建张量，需要将一个NumPy数组传入`tf.constant()`操作符，得到一个拥有该值的TensorFlow张量。代码如下：

```
import tensorflow as tf
import numpy as np

tensor_1d = np.array([1,2,3,4,5,6,7,8,9,10])
tensor_1d = tf.constant(tensor_1d)
with tf.Session() as sess:
    print (tensor_1d.get_shape())
    print sess.run(tensor_1d)
```

运行上例，获得的输出如下：

```
>>>
 (10,)
 [ 1 2 3 4 5 6 7 8 9 10]
```

若要使用变量构建张量，将变量定义为NumPy数组的形式，并将其传入`tf.Variable`函数。结果得到一个带有初始值的变量张量。代码如下：


```
import tensorflow as tf
import numpy as np

tensor_2d = np.array([(1,2,3),(4,5,6),(7,8,9)])
tensor_2d = tf.Variable(tensor_2d)
with tf.Session() as sess:
    sess.run(tf.global_variables_initializer())
    print (tensor_2d.get_shape())
    print sess.run(tensor_2d)
```

输出如下：

```
>>>
 (3, 3)
[[1 2 3]
 [4 5 6]
 [7 8 9]]
```

为方便程序在Python交互环境下的使用，可以采用InteractiveSession类（https://www.tensorflow.org/versions/r0.10/api_docs/python/client/#InteractiveSession），并在所有`Tensor.eval()`和`Operation.run()`调用中使用该类。

```
import tensorflow as tf
import numpy as np

interactive_session = tf.InteractiveSession()
tensor = np.array([1,2,3,4,5])
tensor = tf.constant(tensor)
print(tensor.eval())
interactive_session.close()
```

代码运行结果如下：

```
>>>
    [1 2 3 4 5]
```

这个类为交互情境下（如shell或IPython Notebook）的使用提供了方便——编写代码时无需不停地传递`Session`对象。

TensorFlow中另一种定义张量的方式是，使用`tf.conbert_to_tensor`命令：

```
import tensorflow as tf
import numpy as np

tensor_3d = np.array([[[ 0, 1, 2],[ 3, 4, 5],[ 6, 7, 8]],
```

```
    [[ 9, 10, 11],[12, 13, 14],[15, 16, 17]],
    [[18, 19, 20],[21, 22, 23],[24, 25, 26]]])

tensor_3d = tf.convert_to_tensor(tensor_3d, dtype=tf.float64)
with tf.Session() as sess:
        print (tensor_3d.get_shape())
        print sess.run(tensor_3d)
```

其输出如下：

```
>>>
(3, 3, 3)
[[[ 0. 1. 2.]
  [ 3. 4. 5.]
  [ 6. 7. 8.]]

 [[  9. 10. 11.]
  [ 12. 13. 14.]
  [ 15. 16. 17.]]

 [[ 18. 19. 20.]
  [ 21. 22. 23.]
  [ 24. 25. 26.]]]
```

2.10.4 变量

TensorFlow中的**变量**是承载和更新参数的对象。变量必须初始化；当然，你也可以保存或恢复变量，用于代码分析。

变量是由`tf.Variable()`语句创建的。

在接下来的例子中，我们希望程序实现从1数到10：

```
import tensorflow as tf
```

创建一个变量，并将其初始化为标量0：

```
value = tf.Variable(0,name="value")
```

`assign()`和`add()`操作符仅仅是计算图上的节点，所以在会话运行之前，它们不会执行：

```
one = tf.constant(1)
new_value = tf.add(value,one)
update_value=tf.assign(value,new_value)

initialize_var = tf.global_variables_initializer()
```

可以将计算图实例化：

```
with tf.Session() as sess:
sess.run(initialize_var)
```

```
    print(sess.run(value))
    for _ in range(10):
        sess.run(update_value)
        print(sess.run(value))
```

之前已经提到过，张量对象是指向操作结果的一个指针，并非真的含有操作的输出值：

```
>>>
0
1
2
3
4
5
6
7
8
9
10
>>>
```


统计模型中的参数一般被表示为一系列变量。例如，你可能想要将神经网络的权重存储为一个变量型张量。在训练阶段，你会通过重复运行训练图来升级这个张量。

2.10.5 取回

为取回操作的输出，需要调用Session对象中的run()函数，并传入需要取回的张量。除了可以取回单一的张量节点外，你还可以取回**多个张量**。在接下来的例子里，通过调用run()同时取回求和sum_和乘积mul_张量：

```
import tensorflow as tf

constant_A = tf.constant([100.0])
constant_B = tf.constant([300.0])
constant_C = tf.constant([3.0])

sum_ = tf.add(constant_A,constant_B)
mul_ = tf.multiply(constant_A,constant_C)

with tf.Session() as sess:
    result = sess.run([sum_,mul_])
    print(result)
```

输出如下：

```
>>>
[array([ 400.],dtype=float32),array([ 300.],dtype=float32)]
```

产生张量输出值需要的所有op都被运行了一遍（而不仅仅是每个张量运行一遍）。

2.10.6 注入

注入机制将张量插入图节点，它用一个张量值暂时替代操作的输出。注入机制只用于在调用run函数时，通过feed_dict传递参数。最常见的用法是使用tf.placeholder()创建**feed**操作，并继承其他特定操作作为注入操作。

下例展示了如何通过注入的方法构建3 × 2阶随机矩阵：

```
import tensorflow as tf
import numpy as np

a = 3
b = 2
x = tf.placeholder(tf.float32,shape=(a,b))
y = tf.add(x,x)
data = np.random.rand(a,b)
sess = tf.Session()
print sess.run(y,feed_dict={x:data})
```

输出形式为：

```
>>>
[[ 1.78602004  1.64606333]
 [ 1.03966308  0.99269408]
 [ 0.98822606  1.50157797]]
>>>
```

2.11 TensorBoard

训练神经网络时，有时会需要监控网络的参数，一般是节点的输入和输出。这样即可在每次训练迭代后检查误差函数是否最小化，从而了解你的模型是否正确学习。当然，想通过手动书写代码展示训练阶段中网络的表现并非易事。

TIP TensorBoard的安装方式极为简单。只需在终端中输入以下命令（针对Ubuntu系统，Python 2.7+）：

```
$ sudo pip install tensorboard
```

幸运的是，TensorFlow提供了**TensorBoard**框架，用于分析和调试神经网络模型。TensorBoard采用所谓的**汇总**来查看模型的参数；一旦TensorFlow代码执行，我们就可以调用TensorBoard的**图形用户界面**来查看汇总数据。

此外，TensorBoard还可以显示并学习TensorFlow的计算图。一个深度神经网络模型的计算图往往会非常复杂。

TensorBoard 工作方式

前面已经解释过，TensorFlow使用计算图执行应用，其中每个图节点代表一项操作，边代表操作间传递的数据。TensorBoard的主要思想是将所谓的**汇总**和节点（**操作**）联系起来。

运行代码时，汇总操作**将数据输入**对应的节点，并进行运算；将输出数据写入一个文件，供TensorBoard读取。

2

然后即可启动TensorBoard，并将**已汇总的操作**可视化。TensorBoard的**工作流**如下：

- **编译**你的计算图/代码；
- **添加**汇总op到你需要分析的节点上；
- 照常**运行**你的计算图；
- 同时附带**运行**汇总op；
- 代码运行完成后，**启动**TensorBoard；
- **可视化**汇总输出。

2.12节会将前述所有概念综合应用，构建一个**单输入神经元**模型，并使用TensorBoard对其进行分析。

2.12　实现一个单输入神经元

本例中，我们将深入学习TensorFlow中TensorBoard的主要概念，并试着实现几个基本操作。将要实现的模型模拟了一个**单输入神经元**，该模型的形式可参考图2-7。

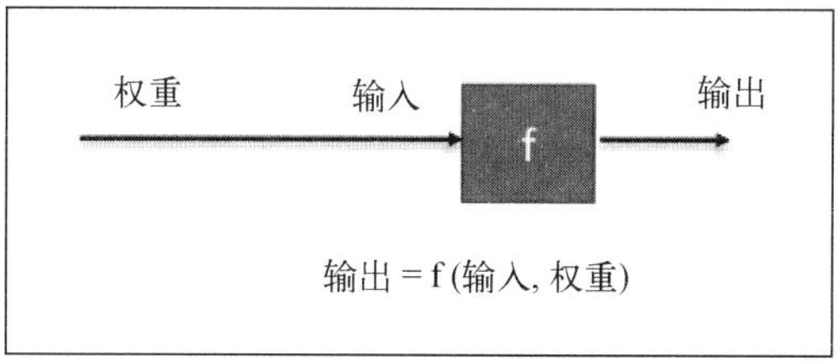

图2-7　单输入神经元示意图

该神经元的输出就是输入与对应权重的乘积。

图2-7包含了下述几部分。

- 一个**输入值**，作为神经元的激励。
- 单个**权重**，用来与输入相乘，产生神经元的输出；权重值会在训练阶段产生变化。
- **输出**是输入和权重的乘积。神经元是通过输出和期望值的比较进行学习的。

- 以上元素已经足够定义此**模型**。输入值代表神经元的激励。它是一个常数，由TensorFlow的操作定义，即tf.constant。

我们定义input_value，赋值为浮点数0.5：

```
input_value = tf.constant(0.5,name="input_value")
```

权重是传递给单神经元的输入，在网络的训练阶段会改变，所以需要用TensorFlow的变量型来定义权重：

```
weight = tf.Variable(1.0,name="weight")
```

权重的初值是浮点数1.0。

期望值指的是完成网络的学习后，我们期望得到的输出值。在此定义为一个TensorFlow常量：

```
expected_output = tf.constant(0.0,name="expected_output")
```

我们将**期望值**赋为0.0。

我们想要计算的**模型**或输出为下面的乘积，即weight × input。

```
model = tf.multiply(input_value, weight,"model")
```

最后，虽然已经定义了神经元的输入和输出，但最基本的部分还未定义——我们需要告诉神经元**应该如何学习**。第1章已经讲过，在学习阶段需要定义两个关键元素。

第一个关键是要定义一个**度量标准**，即得到的输出与期望输出差距有多少。这个度量标准就是所谓的**损失函数**。一般会将其定义为模型输出与期望输出差的平方：

```
loss_function = tf.pow(expected_output - model,2,name="loss_function")
```

只有**损失函数**还不够；我们必须想办法在神经元的训练阶段优化损失函数或最小化它的值。TensorFlow中有好几种优化函数。本例采用**梯度下降法**（第1章），这是使用最广泛的一种优化方法。TensorFlow中的梯度优化函数为tf.train.GradientDescentOptimizer。

```
optimizer = tf.train.GradientDescentOptimizer(learning_rate=0.025)
```

该函数的参数为learning_rate，此处将其赋值为0.025。

至此，我们已经定义好了一个单输入神经元模型需要的所有参数。

另外，该示例还希望同时讲解如何使用TensorBoard。**汇总**的定义包括一个简单的设置步骤，其中定义了我们希望显示的参数。

```
for value in [input_value,weight,expected_output,model,loss_function]:
    tf.summary.scalar(value.op.name,value)
```

每一个需要显示的值都被传给tf.summary.scalar函数，该函数包括以下两个参数。

- value.op.name：作为汇总的标签
- value：一个实数张量作为汇总的值

tf.summary.scarlar变量输出一个summary记录，以缓冲对应标量的值。然后将计算图中收集到的所有汇总合并：

```
summaries = tf.summary.merge_all()
```

要运行计算图，需要创建Session会话：

```
sess = tf.Session()
```

现在创建SummaryWriter，将filelog_simple_stats事件写入对应的汇总记录：

```
summary_writer = tf.summary.FileWriter('log_simple_stats',sess.graph)
```

SummaryWriter类提供了一种机制，用于在每条路径中创建事件记录文件，并向其中添加汇总和事件。该类对文件内容的更新是非同步的。这就使训练程序得以调用方法，在训练过程中直接向日志文件添加数据，而不需要因此放慢训练过程。最后，可以运行该模型：

```
sess.run(tf.global_variables_initializer())
```

我们进行了100次模拟，每次模拟都会监控summary_writer中定义的参数：

```
for i in range(100):
            summary_writer.add_summary(sess.run(summaries),i)
            sess.run(optimizer)
```

运行代码之后，可以看到由TensorBoard创建的日志文件。运行TensorBoard十分简单，打开终端，输入以下命令：

```
$ tensorboard --logdir=log_simple_stats
```

在创建log_simple_stats的同一路径下，如果代码运行正常，终端将显示以下输出：

```
startig tensorboard on port 6006
```

打开浏览器并输入地址localhost:6006，即可开始使用TensorBoard。

打开TensorBoard后，页面显示内容如图2-8所示。[1]

① 新版本TensorFlow中的TensorBoard界面略有改动，如EVENTS选项卡变成了SCALAR等。——译者注

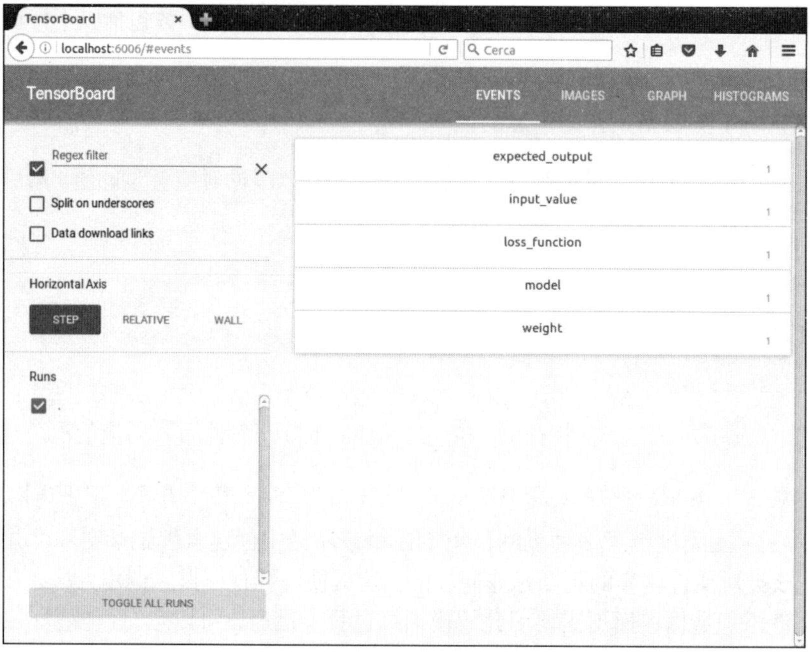

图2-8　TensorBoard页面

页面中显示的事件数据也可以实现可视化。例如，我们的代码中可被可视化的数据对象如下：

- `expected_output`
- `input_value`
- `loss_function`
- `model`
- `weight`

图2-9显示了该神经元的输出随训练迭代次数的变化曲线。

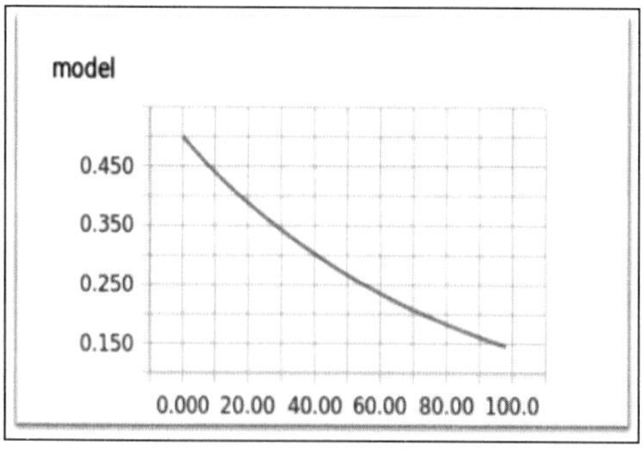

图2-9　TensorBoard模型输出可视化

点击**GRAPH**选项卡，可以看到该模型的**计算图**及其**中继节点**，如图2-10所示。

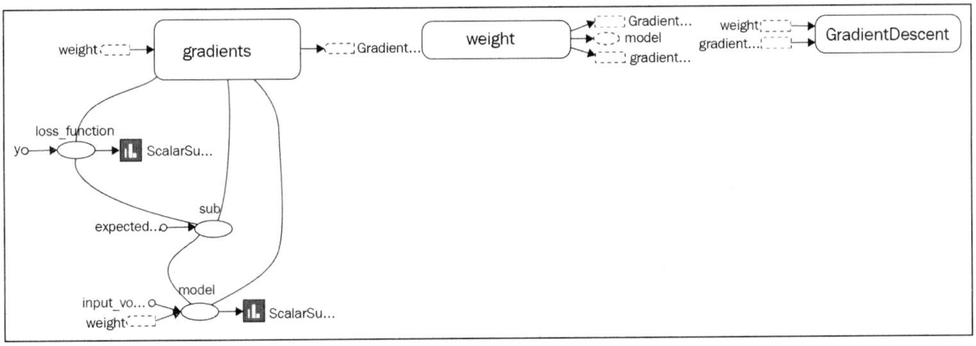

图2-10 单输入神经元的计算图

可以在**EVENTS**选项卡中看到`model`和`loss_function`的数据。如果想显示不同参数值的对应数据，如改变模型中的`expected_value`或`input_value`，那么需要将脚本运行数次，并将日志文件保存到不同文件夹；然后运行TensorBoard，使其从不同文件夹读取数据。

2.13 单输入神经元源代码

现在，完整展示前面讲解的单输入神经元源代码：

```
import tensorflow as tf

input_value = tf.constant(0.5,name="input_value")
weight = tf.Variable(1.0,name="weight")
expected_output = tf.constant(0.0,name="expected_output")
model = tf.multiply(input_value,weight,"model")
loss_function = tf.pow(expected_output - model,2,name="loss_function")
optimizer = tf.train.GradientDescentOptimizer(0.025).minimize(loss_function)

for value in [input_value,weight,expected_output,model,loss_function]:
    tf.summary.scalar(value.op.name,value)
summaries = tf.summary.merge_all()
sess = tf.Session()
summary_writer = tf.summary.FileWriter('log_simple_stats',sess.graph)
sess.run(tf.global_variables_initializer())
for i in range(100):
    summary_writer.add_summary(sess.run(summaries),i)
    sess.run(optimizer)
```

2.14 迁移到 TensorFlow 1.*x* 版本

TensorFlow 1.0版本较之前版本有很多改动。进行运算和复用之前版本的代码时，你可能会发现，有些地方已经不兼容了。这意味着，用TensorFlow 0.x开发的应用可能在TensorFlow 1.x版本上无法正确运行。现在，若需要将代码从0.x版本升级到1.x版本，有两种方式：使用升级脚本或手动升级。

2.14.1　如何用脚本升级

`tf_upgrade.py`脚本可以将你的0.x版本源代码升级，使之与1.x（或更高）版本兼容。该脚本可以从GitHub上下载，地址为https://github.com/tensorflow/tensorflow/tree/master/tensorflow/tools/compatibility。将单个0.x版本TensorFlow源代码文件转换为1.x（或更高）版本的命令格式如下：

对于Python 2.7，输入以下命令：

```
$ python tf_upgrade.py --infile InputFile --outfile OutputFile
```

对于Python 3.3+，其命令为：

```
$ python3 tf_upgrade.py --infile InputFile --outfile OutputFile
```

例如，假设你有一个名为`five_layers_relu.py`的0.x版本脚本，使用Python 2.7语法，内容如下：

```
import mnist_data
 import tensorflow as tf
 import math
logs_path = 'log_simple_stats_5_layers_relu_softmax'
 batch_size = 100
 learning_rate = 0.5
 training_epochs = 10
mnist = mnist_data.read_data_sets("data")
X = tf.placeholder(tf.float32, [None, 28, 28, 1])
 Y_ = tf.placeholder(tf.float32, [None, 10])
 lr = tf.placeholder(tf.float32)
L = 200
 M = 100
 N = 60
 O = 30
W1 = tf.Variable(tf.truncated_normal([784, L], stddev=0.1))
 B1 = tf.Variable(tf.ones([L])/10)
 W2 = tf.Variable(tf.truncated_normal([L, M], stddev=0.1))
 B2 = tf.Variable(tf.ones([M])/10)
 W3 = tf.Variable(tf.truncated_normal([M, N], stddev=0.1))
 B3 = tf.Variable(tf.ones([N])/10)
 W4 = tf.Variable(tf.truncated_normal([N, O], stddev=0.1))
 B4 = tf.Variable(tf.ones([O])/10)
 W5 = tf.Variable(tf.truncated_normal([O, 10], stddev=0.1))
 B5 = tf.Variable(tf.zeros([10]))

 XX = tf.reshape(X, [-1, 784])
 Y1 = tf.nn.relu(tf.matmul(XX, W1) + B1)
```

```
 Y2 = tf.nn.relu(tf.matmul(Y1, W2) + B2)
 Y3 = tf.nn.relu(tf.matmul(Y2, W3) + B3)
 Y4 = tf.nn.relu(tf.matmul(Y3, W4) + B4)
 Ylogits = tf.matmul(Y4, W5) + B5
 Y = tf.nn.softmax(Ylogits)
cross_entropy = tf.nn.softmax_cross_entropy_with_logits(Ylogits, Y_)
 cross_entropy = tf.reduce_mean(cross_entropy)*100

correct_prediction = tf.equal(tf.argmax(Y, 1), tf.argmax(Y_, 1))
 accuracy = tf.reduce_mean(tf.cast(correct_prediction, tf.float32))
train_step = tf.train.AdamOptimizer(lr).minimize(cross_entropy)
tf.scalar_summary("cost", cross_entropy)
 tf.scalar_summary("accuracy", accuracy)
 summary_op = tf.merge_all_summaries()
init = tf.initialize_all_variables()
 sess = tf.Session()
 sess.run(init)
with tf.Session() as sess:
     sess.run(tf.initialize_all_variables())
     writer = tf.train.SummaryWriter(logs_path, \
                                     graph=tf.get_default_graph())
    for epoch in range(training_epochs):
        batch_count = int(mnist.train.num_examples/batch_size)
       for i in range(batch_count):
            batch_x, batch_y = mnist.train.next_batch(batch_size)
            max_learning_rate = 0.003
            min_learning_rate = 0.0001
            decay_speed = 2000
            learning_rate = min_learning_rate+\
                            (max_learning_rate - min_learning_rate)\
                            * math.exp(-i/decay_speed)
            _, summary = sess.run([train_step, summary_op],\
                                  {X: batch_x, Y_: batch_y, lr: learning_rate})
                            writer.add_summary(summary,epoch * batch_count + i)
       #if epoch % 2 == 0:
        print "Epoch: ", epoch
    print "Accuracy: ", accuracy.eval (feed_dict={X: mnist.test.images, Y_:
mnist.test.labels})
     print "done"
```

现在，若要转换上述0.*x*版本TensorFlow代码，需要输入下述命令。其中0.*x*版本原始文件名为`five_layers_relu.py`，转换后的1.*x*版本目标文件名为`five_layers_relu_1.py`。

```
$ python tf_upgrade.py --infile five_layers_relu.py --outfile five_layers_relu_1.py
```

若没有报出编译错误，`tf_upgrade.py`脚本会在同一路径生成一个名为`report.txt`的文件。当然，也会同时在当前工作目录生成升级后的脚本（即`five_layers_relu_1.py`）。文本文件显示了脚本所做的更改，并提出了一些手动更改的建议（见图2-11）。现在查看`report.txt`中的内容：

```
$ cat report.txt
```

```
asif@ubuntu:~$ cat report.txt
--------------------------------------------------------------------------------
Processing file 'five_layers_relu.py'
outputting to 'five_layers_relu_1.py'
--------------------------------------------------------------------------------
'five_layers_relu.py' Line 64
--------------------------------------------------------------------------------
Renamed function 'tf.initialize_all_variables' to 'tf.global_variables_initializer'
    Old:     sess.run(tf.initialize_all_variables())
    New:     sess.run(tf.global_variables_initializer())
                      ~~~~~~~~~~~~~~~~~~~~~~~~~~~~~~
'five_layers_relu.py' Line 65
--------------------------------------------------------------------------------
Renamed function 'tf.train.SummaryWriter' to 'tf.summary.FileWriter'
    Old:     writer = tf.train.SummaryWriter(logs_path, \
    New:     writer = tf.summary.FileWriter(logs_path, \
                      ~~~~~~~~~~~~~~~~~~~~~
'five_layers_relu.py' Line 45
--------------------------------------------------------------------------------
Added keyword 'logits' to reordered function 'tf.nn.softmax_cross_entropy_with_logits'
Added keyword 'labels' to reordered function 'tf.nn.softmax_cross_entropy_with_logits'
    Old: cross_entropy = tf.nn.softmax_cross_entropy_with_logits(Ylogits, Y_)
    New: cross_entropy = tf.nn.softmax_cross_entropy_with_logits(logits=Ylogits, labels=Y_)
                                                                 ~~~~~~~         ~~~~~~~
'five_layers_relu.py' Line 55
--------------------------------------------------------------------------------
Renamed function 'tf.scalar_summary' to 'tf.summary.scalar'
    Old: tf.scalar_summary("cost", cross_entropy)
    New: tf.summary.scalar("cost", cross_entropy)
         ~~~~~~~~~~~~~~~~~
'five_layers_relu.py' Line 56
--------------------------------------------------------------------------------
Renamed function 'tf.scalar_summary' to 'tf.summary.scalar'
    Old: tf.scalar_summary("accuracy", accuracy)
    New: tf.summary.scalar("accuracy", accuracy)
         ~~~~~~~~~~~~~~~~~
'five_layers_relu.py' Line 57
--------------------------------------------------------------------------------
Renamed function 'tf.merge_all_summaries' to 'tf.summary.merge_all'
    Old: summary_op = tf.merge_all_summaries()
    New: summary_op = tf.summary.merge_all()
                      ~~~~~~~~~~~~~~~~~~~~
'five_layers_relu.py' Line 59
--------------------------------------------------------------------------------
Renamed function 'tf.initialize_all_variables' to 'tf.global_variables_initializer'
    Old: init = tf.initialize_all_variables()
    New: init = tf.global_variables_initializer()
```

图2-11 report.txt中显示的tf_upgrade.py脚本所做的更改

因此，根据报告文件的显示，如果打开`five_layers_relu_1.py`文件查看其内容，你会观察到如图2-12所示更改（已标出）。

```
cross_entropy = tf.nn.softmax_cross_entropy_with_logits(logits=Ylogits, labels=Y_)
cross_entropy = tf.reduce_mean(cross_entropy)*100

correct_prediction = tf.equal(tf.argmax(Y, 1), tf.argmax(Y_, 1))
accuracy = tf.reduce_mean(tf.cast(correct_prediction, tf.float32))

train_step = tf.train.AdamOptimizer(lr).minimize(cross_entropy)

tf.summary.scalar("cost", cross_entropy)
tf.summary.scalar("accuracy", accuracy)
summary_op = tf.summary.merge_all()

init = tf.global_variables_initializer()
sess = tf.Session()
sess.run(init)

with tf.Session() as sess:
    sess.run(tf.global_variables_initializer())
    writer = tf.summary.FileWriter(logs_path, \
                                   graph=tf.get_default_graph())
    for epoch in range(training_epochs):
        batch_count = int(mnist.train.num_examples/batch_size)
        for i in range(batch_count):
            batch_x, batch_y = mnist.train.next_batch(batch_size)
            max_learning_rate = 0.003
            min_learning_rate = 0.0001
            decay_speed = 2000
            learning_rate = min_learning_rate+\
                            (max_learning_rate - min_learning_rate)\
                            * math.exp(-i/decay_speed)
            _, summary = sess.run([train_step, summary_op],\
                                  {X: batch_x, Y_: batch_y,\
                                   lr: learning_rate})
            writer.add_summary(summary,\
                               epoch * batch_count + i)
        #if epoch % 2 == 0:
        print "Epoch: ", epoch

    print "Accuracy: ", accuracy.eval\
          (feed_dict={X: mnist.test.images, Y_: mnist.test.labels})
    print "done"
```

图2-12 升级文件中被更改的内容

对于Python 3.3+，需要更改示例程序中的print语句，然后运行升级脚本。

现在，如果需要将含有0.x版本源代码的整个目录升级为兼容1.x的版本，应当执行以下格式命令：

```
$ python tf_upgrade.py --intree InputDir --outtree OutputDir
```

2.14.2 局限

使用tf_upgrade.py文件进行版本升级有一定局限性。例如，你必须手动修改所有tf.reverse()实例。这倒不是很困难，因为tf_upgrade.py脚本会在report.txt文件中生成关于tf.reverse()的警告。至于重新排列的参数，tf_upgrade.py会试图最小化代码格式，但不会自动改变实际参数的顺序。再比如，tf.get_variable_scope().reuse_variables()可能无法正常工作。因此，我们建议删除这些语句，并用下述语句代替：

```
tf.variable_scope(tf.get_variable_scope(), reuse=True)
```

2.14.3 手动升级代码

如前所述，使用tf_upgrade.py脚本升级代码有很多局限性。因此，除了运行脚本自动升级，你还可以手动升级自己的代码。本节将提供一个全面的列表，列出TensorFlow 1.x中所有向后兼容的变更。

如果不使用自动升级脚本，接下来就需要手动修改你的代码。这些建议参考自TensorFlow官方网站https://www.tensorflow.org/install/migration。

2.14.4 变量

在最新发布的TensorFlow版本中，变量函数名变得更加具有一致性，混乱程度有所减轻。下面是一些手动升级建议：

- tf.VARIABLES应重命名为tf.GLOBAL_VARIABLES；
- tf.all_variables应重命名为tf.global_variables；
- tf.initialize_all_variables应重命名为tf.global_variables_initializer；
- tf.initialize_local_variables应重命名为tf.local_variables_initializer；
- tf.initialize_variables应重命名为tf.variables_initializer。

2.14.5 汇总函数

在最新发布的TensorFlow版本中，汇总函数被合并在tf.summary命名空间下。下面是一些手动升级建议：

- tf.audio_summary应重命名为tf.summary.audio；
- tf.contrib.deprecated.histogram_summary应重命名为tf.summary.histogram；
- tf.contrib.deprecated.scalar_summary应重命名为tf.summary.scalar；
- tf.histogram_summary应重命名为tf.summary.histogram；
- tf.image_summary应重命名为tf.summary.image；
- tf.merge_all_summaries应重命名为tf.summary.merge_all；
- tf.merge_summary应重命名为tf.summary.merge；
- tf.scalar_summary应重命名为tf.summary.scalar；
- tf.train.SummaryWriter应重命名为tf.summary.FileWriter。

2.14.6　简化的数学操作

最新发布的TensorFlow版本移除了批量版本的数学操作，这些操作现在包含于非批量版本下。下面是一些手动升级建议：

- tf.batch_band_part应重命名为tf.band_part；
- tf.batch_cholesky应重命名为tf.cholesky；
- tf.batch_cholesky_solve应重命名为tf.cholesky_solve；
- tf.batch_fft应重命名为tf.fft；
- tf.batch_fft3d应重命名为tf.fft3d；
- tf.batch_ifft应重命名为tf.ifft；
- tf.batch_ifft2d应重命名为tf.ifft2d；
- tf.batch_ifft3d应重命名为tf.ifft3d；
- tf.batch_matmul应重命名为tf.matmul；
- tf.batch_matrix_determinant应重命名为tf.matrix_determinant；
- tf.batch_matrix_diag应重命名为tf.matrix_diag；
- tf.batch_matrix_inverse应重命名为tf.matrix_inverse；
- tf.batch_matrix_solve应重命名为tf.matrix_solve；
- tf.batch_matrix_solve_ls应重命名为tf.matrix_solve_ls；
- tf.batch_matrix_transpose应重命名为tf.matrix_transpose；
- tf.batch_matrix_triangular_solve应重命名为tf.matrix_triangular_ solve；
- tf.batch_self_adjoint_eig应重命名为tf.self_adjoint_eig；
- tf.batch_self_adjoint_eigvals应重命名为tf.self_adjoint_eigvals；
- tf.batch_set_diag应重命名为tf.set_diag；
- tf.batch_svd应重命名为tf.svd；
- tf.complex_abs应重命名为tf.abs。

2.14.7 其他事项

在TensorFlow最新发布的版本中，还有一些其他方面的变更。下面是一些手动升级建议：

- `tf.image.per_image_whitening`应重命名为`tf.image.per_image_standardiza tion`；
- `tf.nn.sigmoid_cross_entropy_with_logits`中的参数重新排列为`tf.nn.sigmoid_cross_entropy_with_logits(_sentinel=None,labels=None,logits=None,name=None)`；
- `tf.nn.softmax_cross_entropy_with_logits`中的参数重新排列为`tf.nn.softmax_cross_entropy_with_logits(_sentinel=None,labels=None,logits=None, dim=-1, name=None)`；
- `tf.nn.sparse_softmax_cross_entropy_with_logits`中的参数重新排列为`tf.nn.sparse_softmax_cross_entropy_with_logits(_sentinel=None,labels=None,logits=None, name=None)`；
- `tf.ones_initializer`应改为一个函数调用，即`tf.ones_initializer()`
- `tf.pack`应重命名为`tf.stack`；
- `tf.round`的语义现在符合四舍六入五留双规则（Banker's rounding）
- `tf.unpack`应重命名为`tf.unstack`；
- `tf.zeros_initializer`应改为一个函数调用，即`tf.zeros_initializer()`。

以上基本就是TensorFlow代码迁移到1.*x*版本需要修改的所有内容。

然而，上述内容并不是TensorFlow最新版本给出的完整修改建议。因此，若升级过程中需要了解更多信息，请参考https://www.tensorflow.org/install/migration。

2.15 小结

TensorFlow使人人都能便捷使用分布式机器学习和深度学习，但使用该工具也需具备一定的计算机常识和算法基础。另外，最新版本的TensorFlow包含了很多激动人心的特性，书中对这些特性进行了介绍，便于你参考使用。我们也介绍了如何在不同平台安装TensorFlow，包括Linux、Windows和Mac OS。此外还探讨了更深层的内容，举例说明了如何将旧版本的TensorFlow源代码升级到1.*x*版本。

下面简要回顾本章介绍的核心概念。

- **图**：TensorFlow运算被表示为数据流图。每个图由一系列操作（http://www.tensorflow.org/api_docs/python/framework.html#Operation）对象组成。
- **操作**：每个操作对象代表一个图节点，即张量流上的一个运算（加法、乘法或更复杂的操作）单元。其输入为一个张量，输出也是一个张量。

- **张量**：张量可以被表示为数据流图上的边。它们不表示或包含由操作产生的值，而是定义该值的类型和会话中计算该值的方法。
- **会话**：会话是一个实体，表示运行数据流图运算的环境。

在本章的后几节，我们介绍了TensorBoard，它是分析和调试神经网络模型的一个有力工具。接着，我们给出一个例子，展示如何实现一个简单的神经元模型。以及如何用TensorBoard分析其学习过程。

最后介绍了将TensorFlow 0.*x*版本源代码迁移到1.*x*版本的过程。[①]

下一章会介绍**前馈神经网络**。首先讲解一些理论性的知识，然后展示如何训练和评估这种类型的神经网络在图像分类问题上的表现。为便于理解，还会展示一些前馈神经网络的应用示例。

① 原书中，本章部分章节内容有误，已由译者重新编著。新内容参考https://www.tensorflow.org/install/install_windows、http://www.netinstructions.com/how-to-install-and-run-gpu-enabled-tensorflow-on-windows/ 和 http://www.netinstructions.com/how-to-install-tensorflow-on-windows-without-docker-or-virtual-machines/，请读者酌情采纳。——编者注

第 3 章

用TensorFlow构建前馈神经网络

神经网络架构多种多样，有些差距颇大。其形式一般具有不同的层，第一层接收输入信号，最后一层返回输出信号。这些网络通常都是前馈神经网络。

简言之，前馈神经网络非常适用于对函数进行拟合和插值。

本章将讨论以下主题：

- 前馈神经网络介绍
- 手写数字分类
- 探究MINST数据集
- softmax分类器
- TensorFlow模型的保存和恢复
- 实现一个五层神经网络
- ReLU分类器
- dropout优化

3.1 前馈神经网络介绍

前馈神经网络包含大量神经元，以层组织：一个输入层，一个或多个隐藏层，一个输出层。每个神经元都与其前一层的所有神经元相连接，并非所有连接都相同，因为它们具有不同的权重。这些连接的权重承载了整个网络的信息。

数据进入输入层，然后逐层通过网络，最终达到输出层。在此过程中，各层之间没有相互反馈。

因此，这些网络称为前馈神经网络。

含有足够多隐藏层神经元的前馈神经网络可以在一定精度内拟合以下类型的函数：

- 任何连续函数，需要一个隐藏层；
- 任何函数，甚至是不连续的，需要两个隐藏层。

然而，计算非线性函数达到指定精度需要多少个隐藏层、多少个神经元，这是无法预知的。除了凭感觉，我们需要通过经验和一些启发式方法来确定网络结构。

如果一个神经网络由很少的隐藏层或神经元组成，那么它对未知函数的拟合精度可能不会很高（见图3-1）。因为函数可能太复杂，或者反向传播算法得出了一个局部最优解。如果网络包含大量隐藏层，我们可能会遇到过拟合问题，即网络的泛化能力会变差。

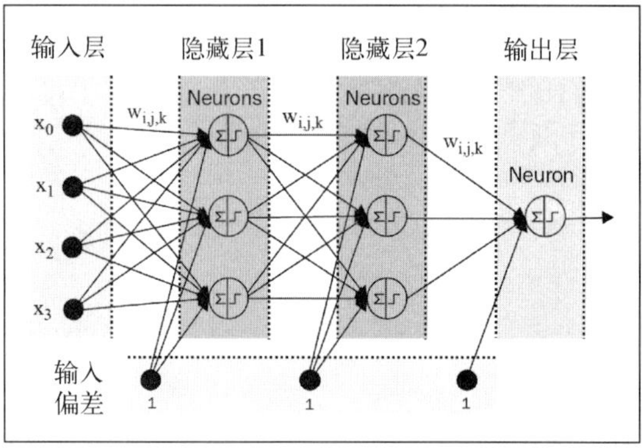

图3-1 含有两个隐藏层和输入偏差的前馈神经网络

3.1.1 前馈和反向传播

反向传播算法的目标是，使网络的实际输出值和正确输出之间的误差最小。由于网络是前馈的，所以激励总是由输入单元流向输出单元。到达输出单元后，网络的输出会与正确输出相比较，然后将代价函数的梯度反向传播，同时更新权重。

这种方法是可以递归的，并且可以应用于任何数量的隐藏层。

反向传播算法处理信息的方式能使网络在迭代学习的过程中减小其全局误差。然而，这种方法不能保证一定获得全局最优解。由于网络含有隐藏单元，且输出函数具有非线性性，所以误差函数的表现十分复杂，具有很多局部最优解。反向传播算法有可能因此陷入局部最小值，从而导致给出的解不是最优解。一般情况下，由于网络在不断学习，误差值会在训练集上逐渐减小（这就意味着在训练集数据上，输入输出关系表示得更加准确）；但在测试集上（衡量模型的预测能力），从某个值开始，误差可能会增长，因为产生了过拟合问题。最终训练出的网络（或模型）在训练集上拥有很高的分类准确率，但对未知样本的分类准确性很差。

3.1.2 权重和偏差

除了神经元的状态及其连接方式，我们还要考虑突触权重，即网络内部该连接的影响力。每个权重都有一个数值W_{ij}，表示连接神经元i和j的突触权重。

一个神经元总是含有一个或多个连接，其数量取决于该神经元的位置。这些连接对应不同的突触权重。

权重和输出函数决定了单个神经元及整个网络的表现。

在训练阶段，权重需要得到正确更新，以保证模型的正确表现。

3

每个单元i由一个输入向量$x_i = (x_1, x_2, \cdots, x_n)$和一个权重向量$w_i = (w_{i1}, w_{i2}, \cdots, w_{in})$定义。**神经元$i$***的值为输入的加权和：

$$\text{net}_i = \sum_j w_{ij} x_j \tag{a}$$

这些权重中有一个特殊的权重，称为**偏差**。该权重不与网络中的其他单元相连接，且其输入恒为1。这样可以为神经元建立一个**参考点**或阈值。严格地说，偏差将横轴上的值转化到输出函数中。这样，前述公式变为如下形式：

$$\text{net}_i = \sum_j w_{ij} x_j + b_i \tag{b}$$

3.1.3 传递函数

每个神经元接收的输入信号是，与之相连的神经元的激励值的加权和。为计算神经元的激励值，即神经元传递的值，加权和必须作为传递函数的参数进行传递。传递函数允许神经元对接收的信号进行更改。

一种最常用的传递函数就是所谓的sigmoid函数：

$$\text{out}_i = \frac{1}{1+e^{-\text{net}_i}}$$

该函数的定义域为所有实数，值域为(0, 1)。这意味着，神经元每个激活态的运算所产生的输出值均落在0和1之间。

图3-2展示的sigmoid函数可以表示一个神经元从未激活（= 0）到完全饱和（达到最大值1）的饱和速率。

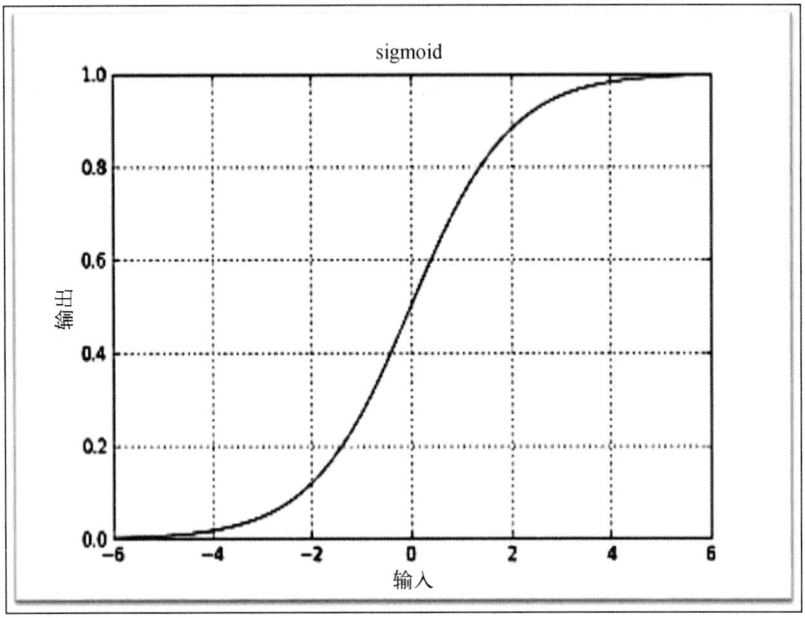

图3-2　sigmoid函数

需要对新的数据进行分析时，数据从输入层载入，利用公式(a)或公式(b)产生输出。该结果和该层的所有其他神经元的输出组成下一层神经元的输入。下一层神经元将重复该过程。一般情况下，前馈神经网络的最后一层会采用一个softmax函数，这样可以方便地用后验概率解释网络的输出。

softmax函数的形式如下：

$$\mathrm{out}_i = \frac{e^{\mathrm{net}_i}}{\sum_{j=1}^{N} e^{\mathrm{net}_j}}$$

此处的N表示网络输出的总个数。

另外，softmax函数的以下重要性质**成立**：

$$0 \leqslant \mathrm{out}_i \leqslant 1 \ \mathrm{con}\ \sum_i \mathrm{out}_i = 1$$

3.2　手写数字分类

手写数字的自动识别是一个重要课题，有许多实际应用。本章会通过实现前馈神经网络来解决这一问题。

为了训练和测试实现的模型，我们采用MNIST手写数字数据集。

MNIST数据集由含有60 000个样本的训练集和含有10 000个样本的测试集构成。图3-3为样本文件中的数据示例。

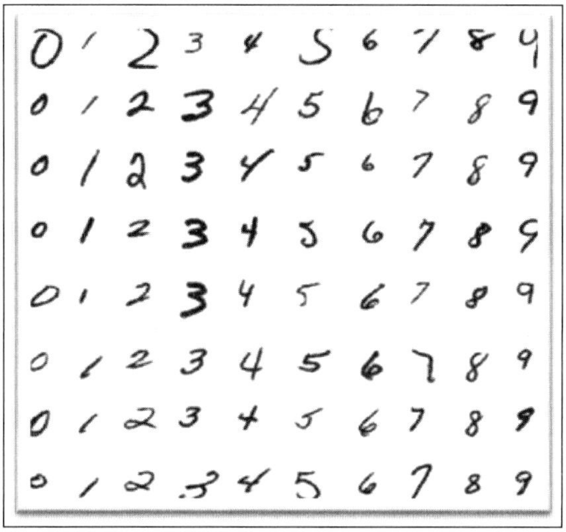

图3-3 从MNIST数据集提取的数据示例

原始图像为黑白图片，但随后为将其归一化为28 × 28像素，采用的抗混叠滤波器会将图像亮度中心化。因此，为优化学习过程，图像被聚焦在大量像素中央的一个28 × 28像素的区域。

整个数据集被存储在4个文件中。

训练数据集：

```
train-images-idx3-ubyte.gz: training set images (9912422 bytes)
train-labels-idx1-ubyte.gz: training set labels (28881 bytes)
```

测试数据集：

```
t10k-images-idx3-ubyte.gz: test set images (1648877 bytes)
t10k-labels-idx1-ubyte.gz: test set labels (4542 bytes)
```

每个数据集含有两个文件，第一个文件包含图像，第二个文件为图像对应的标签。

3.3 探究 MNIST 数据集

下面举一个简短的例子，说明如何访问MNIST数据集，以及如何显示一个选定的图像。

需要导入以下库。

导入numpy库进行一些图像操作：

```
>>import numpy as np
```

导入matplotlib中的pyplot函数以绘制图像：

```
>>import matplotlib.pyplot as plt
```

最后，需要导入mnist_data库。你可以从本书的代码仓库下载此库。它是一个谷歌脚本，使我们可以下载MNIST数据库并建立数据集。

```
>>import mnist_data
```

然后使用read_data_sets方法载入数据集：

```
>>__input = mnist_data.read_data_sets("data")
```

上述命令中，括号内的data为即将载入图像的路径名称。

若要查看图像的形状和标签，可以使用以下命令：

```
>>__input.train.images.shape
(60000, 28, 28, 1)

>>__input.train.labels.shape
(60000, 10)

>>__input.test.images.shape
(10000, 28, 28, 1)

>>__input.test.labels.shape
(10000, 10)
```

使用Python绘图库matplotlib，可以可视化单个数字：

```
>>image_0 = __input.train.images[0]
>>image_0 = np.resize(image_0,(28,28))

>>label_0 = __input.train.labels[0]
label set = [ 0. 0. 0. 0. 0. 1. 0. 0. 0. 0.]
```

数字1处于数组的第6位，这说明我们图像中的数字识别为5。

最终，验证发现图像中的数字确实为5（见图3-4）。

使用导入的plt函数，绘制image_0张量。

```
>>plt.imshow(image_0, cmap='Greys_r')
>>plt.show()
```

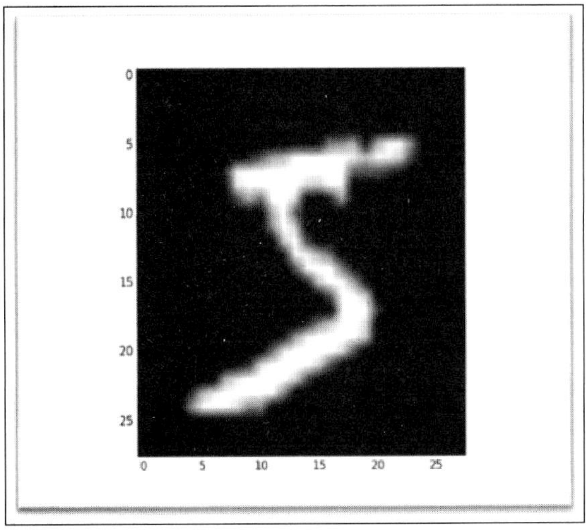

图3-4 从MNIST数据集提取的图像

3.4 softmax 分类器

前面的章节展示了如何存取和操作MNIST数据集。本节将讨论如何利用TensorFlow库解决手写数字的分类问题。

我们将应用前面介绍的概念建立神经网络模型，用以获取并比较不同方法得到的结果。需要实现的第一个前馈网络架构如图3-5所示。

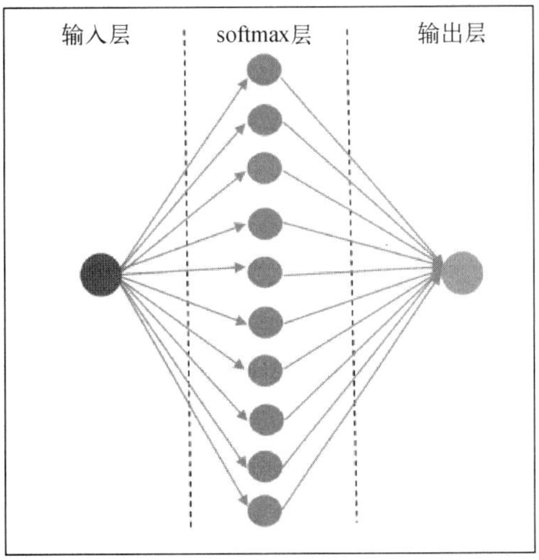

图3-5 softmax神经网络架构

网络的隐藏层（softmax层）包含10个神经元和一个softmax传递函数。请记住，该函数的激励定义为一组和为1的正数；这意味着第*j*个输出值代表*j*为对应网络输入的类别的概率。

下面看看如何实现该神经网络模型。

首先要导入必要的库，并为模型准备好数据：

```
import tensorflow as tf
import mnist_data

logs_path = 'log_simple_stats_softmax'
batch_size = 100
learning_rate = 0.5
training_epochs = 10

mnist = mnist_data.read_data_sets("data")
```

接着定义网络模型。

输入网络包含从MNIST数据集抽取的一系列图像，每个图像的大小为28 × 28像素：

```
X = tf.placeholder(tf.float32, [None, 28, 28, 1],name="input")
```

需要解决的问题是如何为每个分类（数字0~9）分别指定一个概率值。对应的输出描述了一个概率分布，我们可以从中得到对待检验值的一个预测。输出网络保存在由10个元素张量组成的下列占位符中：

```
Y_ = tf.placeholder(tf.float32, [None, 10])
```

权重同时考虑了隐藏层的大小（10个神经元）和输入规模。权重的值在每一轮迭代过程中必须更新，定义如下：

```
W = tf.Variable(tf.zeros([784, 10]))
```

权重矩阵为$W[784, 10]$，其中$784 = 28 \times 28$。

接下来，将图像展开为一条一维像素线；形状定义中的数字–1代表保存元素数量的唯一可能的维度。

```
XX = tf.reshape(X, [-1, 784])
```

相似地，为网络定义偏差bias，它表示触发信号相对于原始输入信号的平移量。形式上，偏差扮演的角色和权重没什么差别，都用于调节发射/接收信号的密度。

因此，bias张量被定义为一个变量型张量：

```
b = tf.Variable(tf.zeros([10]))
```

同样，其大小（= 10）等于隐藏层神经元数的总和。

input、weight和bias张量的大小得到合理定义之后，便可定义evidence参数，用来量化一个图像是否属于某个特定的类。

```
evidence = tf.matmul(XX, W) + b
```

这里的神经网络只有一个隐藏层，由10个神经元组成。由前馈网络的定义可知，同一层的所有神经元都有相同的激活函数。

在我们的模型里，激活函数是softmax函数，它将evidence参数转化为图像**可能**属于的10个类的**概率**。


```
Y = tf.nn.softmax(evidence,name="output")
```

输出矩阵Y由100行10列组成。

为训练模型并判断该模型性能，必须定义一个**度量单位**。实际上，接下来的步骤就是获取W和b的值，使该度量单位的值最小，并评价该模型的好坏。

有很多度量单位可以计算实际输出和期望输出之间的误差程度。最常见的误差分数是均方差，但一些研究也针对这类网络提出了其他类似的度量单位。

本例使用所谓的cross_entropy（交叉熵）误差函数。定义如下：

```
cross_entropy = -tf.reduce_mean(Y_ * tf.log(Y)) * 1000.0
```

我们使用梯度下降算法，将该误差函数最小化：

```
train_step = tf.train.GradientDescentOptimizer(0.005).
                                    \minimize(cross_entropy)
```

此处将学习率设置为0.005。

若网络输出值Y与期望输出值Y_相等，则说明预测正确：

```
correct_prediction = tf.equal(tf.argmax(Y, 1),\
                              tf.argmax(Y_, 1))
```

correct_prediction变量可用于定义模型的准确率。

```
accuracy = tf.reduce_mean(tf.cast(correct_prediction,\
                                  tf.float32))
```

接下来定义汇总，方便后续用TensorBoard进行分析。

```
tf.summary.scalar("cost", cross_entropy)
tf.summary.scalar("accuracy", accuracy)
summary_op = tf.summary.merge_all()
```

最后，必须为模型建立session会话，用以触发训练和测试步骤。

```
with tf.Session() as sess:
    sess.run(tf.global_variables_initializer())
    writer = tf.summary.FileWriter(logs_path, \
                                   graph=tf.get_default_graph())
```

网络的训练过程是迭代的。在每轮学习（或每个**时期**）中，网络会使用选定的子集（或**批量集**）对突触权重进行小型更新。

```
for epoch in range(training_epochs):
```

网络会在每轮学习或每个时期中，使用选定的子集对突出权重进行小型更新。

```
batch_count = int(mnist.train.num_examples/batch_size)
```

选定的子集分别为batch_x和batch_y。

```
for i in range(batch_count):
    batch_x, batch_y = mnist.train.next_batch(batch_size)
```

子集会被feed_dict语句调用，用以在训练过程中对网络进行馈给。

在每轮学习中：

- 修改权重以最小化误差函数；
- 使用下述writer.add_summary语句将结果添加到汇总。

```
_, summary = sess.run([train_step, summary_op],\
                      feed_dict={X: batch_x,\
                                 Y_: batch_y})
writer.add_summary(summary,\
                   epoch * batch_count + i)
print "Epoch: ", epoch
```

最后，我们可以测试模型并评价其准确率accuracy。

```
print "Accuracy: ", accuracy.eval\
      (feed_dict={X: mnist.test.images,\
                  Y_: mnist.test.labels})
print "done"
```

网络测试完成后，继续留在会话内部，在单一图像上运行网络模型。例如，可以利用randint函数，从mnist.test数据库随机选取一张图片。

```
num = randint(0, mnist.test.images.shape[0])
img = mnist.test.images[num]
```

这样即可将前面实现的分类器用在选定的图像上。

```
classification = sess.run(tf.argmax(Y, 1), feed_dict={X: [img]})
```

sess.run函数的参数分别为网络的**输出**和**输入**。tf.argmax(Y, 1)函数返回Y张量的最大索引值，即我们要找的图像。接下来的一个参数`feed_dict={X: [img]}`，允许我们将选定的图像馈给网络。

最后输出结果，即预测的标签和正确的标签：

```
print 'Neural Network predicted', classification[0]
print 'Real label is:', np.argmax(mnist.test.labels[num])
```

程序的执行结果显示如下。可以看到，载入MNIST数据后，训练时期显示到第9次。

```
>>>
Loading   data/train-images-idx3-ubyte.mnist
Loading   data/train-labels-idx1-ubyte.mnist
Loading   data/t10k-images-idx3-ubyte.mnist
Loading   data/t10k-labels-idx1-ubyte.mnist
Epoch:    0
Epoch:    1
Epoch:    2
Epoch:    3
Epoch:    4
Epoch:    5
Epoch:    6
Epoch:    7
Epoch:    8
Epoch:    9
```

然后输出模型准确率：

```
Accuracy:    0.9246
done

The predicted and real label:

Neural Network predicted 6
Real label is: 6
>>>
```

模型运行完成后，使用TensorBoard对执行过程中的各阶段进行分析。

可视化

若要运行TensorBoard，需要在执行代码的文件夹中打开终端，并输入以下命令：

```
$> tensorboard --logdir='log_simple_stats_softmax'
```

TensorBoard运行后，将浏览器转到`localhost:6006`，查看TensorBoard的起始页。

查看TensorBoard时，你将在右上角找到**导航标签**。每个标签代表一系列可被可视化的连续数据。

图3-6展示了本例中实现的分类器的计算图。

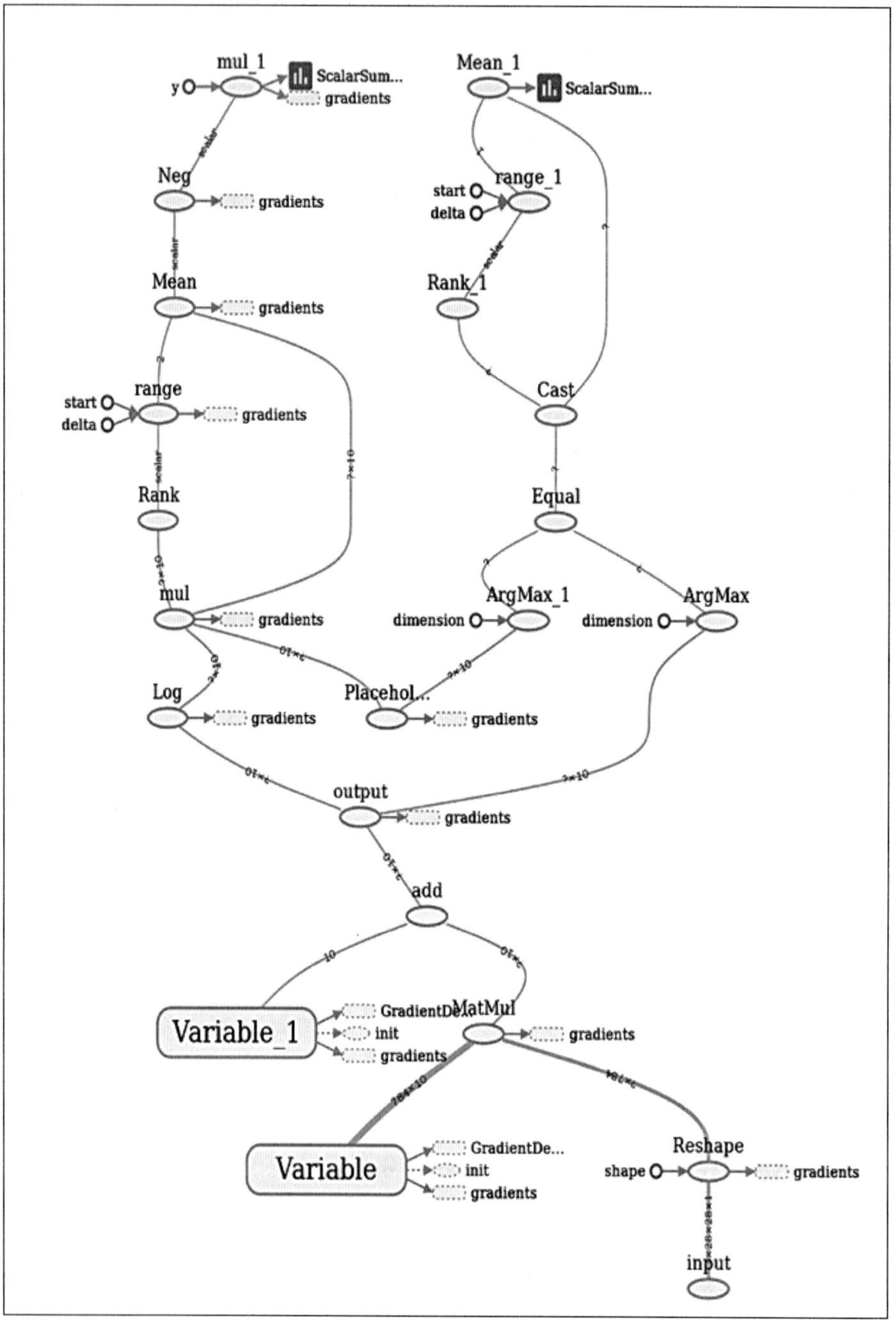

图3-6　softmax分类器图示

3.5 TensorFlow 模型的保存和还原

假设需要重复使用已训练好的模型，而不是每次使用都对其重新训练。

3.5.1 保存模型

要保存一个模型，可以使用Saver()类。该类使用检验点保存图结构：保存的格式为二进制文件，对变量名与张量值建立映射。模型会保存到当前工作区的以下两个文件。

- softmax_mnist.ckpt：保存权重
- softmax_mnist.ckpt.meta：保存图的定义

保存方法是，将下述代码插入模型末尾：

```
saver = tf.train.Saver()
save_path = saver.save(sess, "softmax_mnist")
print("Model saved to %s" % save_path)
```

3.5.2 还原模型

新建一个文件，创建下述脚本以还原配置好的网络。

首先载入所需库：

```
import matplotlib.pyplot as plt
import tensorflow as tf
import input_data
import numpy as np
import mnist_data
```

接着，使用下述语句添加MNIST数据集：

```
mnist = mnist_data.read_data_sets('data', one_hot=True)
```

实现一个**迭代的**会话：

```
sess = tf.InteractiveSession()
```

下列语句用于导入已保存的计算图元数据，其中包含我们所需模型的所有拓扑结构及相应变量：

```
new_saver = tf.train.import_meta_graph('softmax_mnist.ckpt.meta')
```

然后导入检验点文件，其中包含训练过程中得出的权重值：

```
new_saver.restore(sess, 'softmax_mnist.ckpt')
```

若要运行已载入的模型，我们需要其计算图。可以通过以下函数调用：

```
tf.get_default_graph()
```

下面的函数将返回当前线程中所用的默认图：

```
tf.get_default_graph().as_graph_def()
```

接下来定义x和y_conv变量，并将它们和我们需要处理的节点相连接，以实现网络的输入/输出：

```
x = sess.graph.get_tensor_by_name("input:0")
y_conv = sess.graph.get_tensor_by_name("output:0")
```

为测试保存的模型，我们从MNIST数据库中取一个图像。

```
image_b = mnist.test.images[100]
```

然后在选定的输入上运行保存的模型：

```
result = sess.run(y_conv, feed_dict={x:image_b})
```

result变量是一个输出张量，包含10项，每一项代表图像被分类为10个数字之一的概率。因此，打印结果及最高概率的索引，即图像被分类成的数字。

```
print(result)
print(sess.run(tf.argmax(result, 1)))
```

使用从matplotlib中导入的plt函数，以展示分类图像：

```
plt.imshow(image_b.reshape([28, 28]), cmap='Greys')
plt.show()
```

运行网络，应该得到如下输出：

```
>>>
Loading data/train-images-idx3-ubyte.mnist
Loading data/train-labels-idx1-ubyte.mnist
Loading data/t10k-images-idx3-ubyte.mnist
Loading data/t10k-labels-idx1-ubyte.mnist
[[  5.37428750e-05   6.65060536e-04   1.42298099e-02   3.05720314e-04
    2.49665667e-04   6.00658204e-05   9.83844459e-01   4.97680194e-05
    4.59994393e-04   8.17739274e-05]]

[6]
```

数组中的最大元素值为9.83844459e-01（=90%），对应数字6，如图3-7所示。

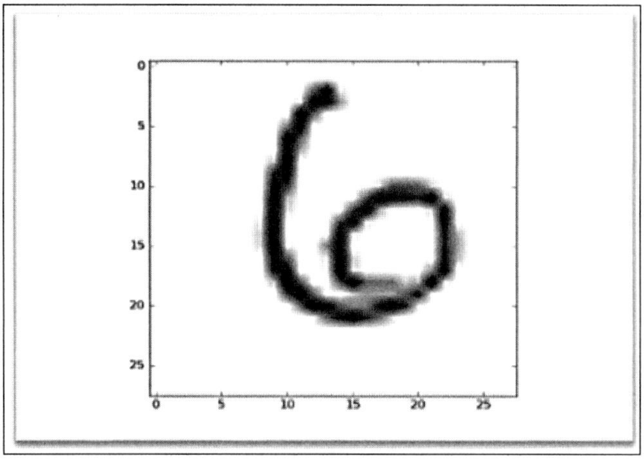

图3-7 被分类图像

当然，若要确认分类结果正确与否，依然需要调出被分类原始图像进行检验。

3.5.3 softmax 源代码

下面给出softmax分类器的完整源代码：

```
import tensorflow as tf
import mnist_data
import matplotlib.pyplot as plt
from random import randint
import numpy as np

logs_path = 'log_mnist_softmax'
batch_size = 100
learning_rate = 0.5
training_epochs = 10

mnist = mnist_data.read_data_sets("data")

X = tf.placeholder(tf.float32, [None, 28, 28, 1],name="input")
Y_ = tf.placeholder(tf.float32, [None, 10])
W = tf.Variable(tf.zeros([784, 10]))
b = tf.Variable(tf.zeros([10]))
XX = tf.reshape(X, [-1, 784])

Y = tf.nn.softmax(tf.matmul(XX, W) + b,name="output")
cross_entropy = -tf.reduce_mean(Y_ * tf.log(Y)) * 1000.0
correct_prediction = tf.equal(tf.argmax(Y, 1),\
                              tf.argmax(Y_, 1))
accuracy = tf.reduce_mean(tf.cast(correct_prediction,\
                                  tf.float32))
train_step = tf.train.GradientDescentOptimizer\
```

```
                    (0.005).minimize(cross_entropy)

tf.summary.scalar("cost", cross_entropy)
tf.summary.scalar("accuracy", accuracy)
summary_op = tf.summary.merge_all()

with tf.Session() as sess:
    sess.run(tf.global_variables_initializer())

writer = tf.summary.FileWriter(logs_path, graph=tf.get_default_graph())
    for epoch in range(training_epochs):
        batch_count = int(mnist.train.num_examples/batch_size)
        for i in range(batch_count):
            batch_x, batch_y = mnist.train.next_batch(batch_size)
            sess.run(train_step,feed_dict={X: batch_x,\
                                           Y_: batch_y})
        print "Epoch: ", epoch
    print "Accuracy: ", accuracy.eval\
            (feed_dict={X: mnist.test.images,\
                        Y_: mnist.test.labels})
    print "done"

    num = randint(0, mnist.test.images.shape[0])
    img = mnist.test.images[num]

    classification = sess.run(tf.argmax(Y, 1),\
                              feed_dict={X: [img]})
    print 'Neural Network predicted', classification[0]
    print 'Real label is:', np.argmax(mnist.test.labels[num])

    saver = tf.train.Saver()
    save_path = saver.save(sess, "saved_mnist_cnn.ckpt")
    print("Model saved to %s" % save_path)
```

3.5.4　softmax 启动器源代码

若要载入网络并在某个图像上测试，需要执行以下几行完整代码：

```
import matplotlib.pyplot as plt
import tensorflow as tf
imort numpy as np
import mnist_data

mnist = mnist_data.read_data_sets('data', one_hot=True)
sess = tf.InteractiveSession()
new_saver = tf.train.import_meta_graph('saved_mnist_cnn.ckpt.meta')
new_saver.restore(sess, 'saved_mnist_cnn.ckpt')
tf.get_default_graph().as_graph_def()
x = sess.graph.get_tensor_by_name("input:0")
y_conv = sess.graph.get_tensor_by_name("output:0")
image_b = mnist.test.images[100]
result = sess.run(y_conv, feed_dict={x:image_b})
print(result)
```

```
print(sess.run(tf.argmax(result, 1)))

plt.imshow(image_b.reshape([28, 28]), cmap='Greys')
plt.show()
```

3.6 实现一个五层神经网络

接下来，我们在softmax层之前加入4个层，使网络更为复杂。人们一般依靠观察、个人经验或合适的实验来确定合适的网络大小，即隐藏层的数量及每层的神经元数。

表3-1总结了我们实现的网络架构，其中包括每层的神经元数量及对应的激活函数。

表3-1 网络架构的不同层级

层	神经元数	激活函数
第一层	L=200	sigmoid
第二层	M=100	sigmoid
第三层	N=60	sigmoid
第四层	O=30	sigmoid
第五层	10	softmax

前4层的传递函数为**sigmoid**函数；最后一层的传递函数一定是**softmax**函数，因为网络的输出必须表示为输入数字的概率。一般情况下，中间层的数量和大小对网络性能影响很大。

- 从正面角度讲，网络就是利用这些层来扩展和识别输入的特征。
- 从负面角度讲，如果网络冗余，那么学习过程就会被拖慢。

现在开始实现这一网络。首先导入以下库：

```
import mnist_data
import tensorflow as tf
import math
```

然后定义以下配置参数：

```
logs_path = 'log_simple_stats_5_layers_relu_softmax'
batch_size = 100
learning_rate = 0.5
training_epochs = 10
```

接着下载图像和标签，并准备数据集：

```
mnist = mnist_data.read_data_sets("data")
```

现在，从输入层开始构建网络架构。

输入层现在是一个形状为`[1×784]`的张量，代表待分类图像：

```
X = tf.placeholder(tf.float32, [None, 28, 28, 1])
XX = tf.reshape(X, [-1, 784])
```

网络的第一层接收待分类输入图像的像素，与W1权重连接组合，并与对应的B1偏差张量相加：

```
W1 = tf.Variable(tf.truncated_normal([784, L], stddev=0.1))
B1 = tf.Variable(tf.zeros([L]))
```

第一层通过sigmoid激活函数，将自己的输出传给第二层：

```
Y1 = tf.nn.sigmoid(tf.matmul(XX, W1) + B1)
```

第二层接收第一层的输出Y1，并将其与W2权重连接组合，再加上对应的B2偏差张量：

```
W2 = tf.Variable(tf.truncated_normal([L, M], stddev=0.1))
B2 = tf.Variable(tf.zeros([M]))
```

第二层通过sigmoid激活函数，将输出传给第三层：

```
Y2 = tf.nn.sigmoid(tf.matmul(Y1, W2) + B2)
```

第三层接收第二层的输出Y2，与W3权重连接组合起来，并与对应的B3偏差张量相加：

```
W3 = tf.Variable(tf.truncated_normal([M, N], stddev=0.1))
B3 = tf.Variable(tf.zeros([N]))
```

第三层通过sigmoid激活函数，将输出传给第四层：

```
Y3 = tf.nn.sigmoid(tf.matmul(Y2, W3) + B3)
```

第四层接收第三层的输出Y3，与W4权重连接组合起来，并与对应的B4偏差张量相加：

```
W4 = tf.Variable(tf.truncated_normal([N, O], stddev=0.1))
B4 = tf.Variable(tf.zeros([O]))
```

第四层通过sigmoid激活函数，将输出传给第五层：

```
Y4 = tf.nn.sigmoid(tf.matmul(Y3, W4) + B4)
```

第五层将从第四层接收O = 30的激励作为输入，这些输入会通过softmax激活函数，转化为每个数字对应的概率：

```
W5 = tf.Variable(tf.truncated_normal([O, 10], stddev=0.1))
B5 = tf.Variable(tf.zeros([10]))
Ylogits = tf.matmul(Y4, W5) + B5
Y = tf.nn.softmax(Ylogits)
```

此处的损失函数为，目标与softmax激活函数产生的结果之间的交叉熵cross-entropy：

```
cross_entropy = tf.nn.softmax_cross_entropy_with_logits(logits=Ylogits, labels=Y_)
cross_entropy = tf.reduce_mean(cross_entropy)*100
```

tf.train.AdamOptimizer使用**Kingma**和**Ba's Adam**算法（https://arxiv.org/pdf/1412.6980v8.pdf）控制学习率。AdamOptimizer比简单的tf.train.GradientDescentOptimizer有几个优势，实际上，前者使用了更大的有效更新步长，这样算法不需要经过微调即可收敛。

```
learning_rate = 0.003
train_step = tf.train.AdamOptimizer(learning_rate).minimize(cross_entropy)
```

另外，我们定义correct_prediction和模型的准确率accuracy：

```
correct_prediction = tf.equal(tf.argmax(Y, 1), tf.argmax(Y_, 1))
accuracy = tf.reduce_mean(tf.cast(correct_prediction, tf.float32))
```

定义汇总和运行会话的源代码基本和前面讲过的相同。此处可以跳过这一部分，直接对模型进行评估。运行模型后得到的输出如下。运行这些代码，最终测试集得到的准确率应该为97%左右：

```
>>>
Loading data/train-images-idx3-ubyte.mnist
Loading data/train-labels-idx1-ubyte.mnist
Loading data/t10k-images-idx3-ubyte.mnist
Loading data/t10k-labels-idx1-ubyte.mnist
Epoch:  0
Epoch:  1
Epoch:  2
Epoch:  3
Epoch:  4
Epoch:  5
Epoch:  6
Epoch:  7
Epoch:  8
Epoch:  9
Accuracy: 0.9744
done
>>>
```

3.6.1 可视化

现在，我们可以开始使用TensorBoard了。只需在代码运行文件夹中打开终端，并输入以下命令：

```
$> Tensorboard --logdir='log_simple_stats_5_layers_relu_softmax'
```

然后，打开浏览器，转到localhost。

图3-8展示了代价函数（cost function）随训练集样本数量的变化趋势。

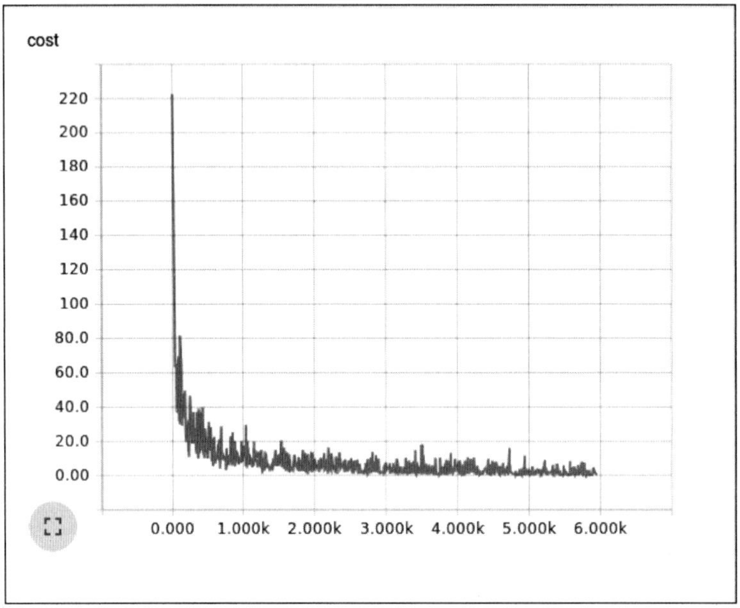

图3-8　不同训练样本数量的代价函数

代价函数随迭代次数的增加逐渐减少，图3-8的趋势是完全正确的。如果你得到的趋势不是这样的，那么中间肯定有些东西做错了。最好的情况可能只是有几个参数没有设置好，比较差的情况可能是数据集有问题，比如信息量不足、图像质量差等。如果遇到这种情况，必须直接修改数据集。

3.6.2　五层神经网络源代码

现在给出本节完整源代码：

```
import mnist_data
import tensorflow as tf
import math

logs_path = 'log_simple_stats_5_layers_relu_softmax'
batch_size = 100
learning_rate = 0.5
training_epochs = 10

mnist = mnist_data.read_data_sets("data")

the images in the mini-batch
X = tf.placeholder(tf.float32, [None, 28, 28, 1])
Y_ = tf.placeholder(tf.float32, [None, 10])
lr = tf.placeholder(tf.float32)
```

```
L = 200
M = 100
N = 60
O = 30

W1 = tf.Variable(tf.truncated_normal([784, L], stddev=0.1))
B1 = tf.Variable(tf.ones([L])/10)
W2 = tf.Variable(tf.truncated_normal([L, M], stddev=0.1))
B2 = tf.Variable(tf.ones([M])/10)
W3 = tf.Variable(tf.truncated_normal([M, N], stddev=0.1))
B3 = tf.Variable(tf.ones([N])/10)
W4 = tf.Variable(tf.truncated_normal([N, O], stddev=0.1))
B4 = tf.Variable(tf.ones([O])/10)
W5 = tf.Variable(tf.truncated_normal([O, 10], stddev=0.1))
B5 = tf.Variable(tf.zeros([10]))

XX = tf.reshape(X, [-1, 784])
Y1 = tf.nn.relu(tf.matmul(XX, W1) + B1)
Y2 = tf.nn.relu(tf.matmul(Y1, W2) + B2)
Y3 = tf.nn.relu(tf.matmul(Y2, W3) + B3)
Y4 = tf.nn.relu(tf.matmul(Y3, W4) + B4)
Ylogits = tf.matmul(Y4, W5) + B5
Y = tf.nn.softmax(Ylogits)

cross_entropy = tf.nn.softmax_cross_entropy_with_logits(logits=Ylogits, labels=Y_)
cross_entropy = tf.reduce_mean(cross_entropy)*100

correct_prediction = tf.equal(tf.argmax(Y, 1), tf.argmax(Y_, 1))
accuracy = tf.reduce_mean(tf.cast(correct_prediction, tf.float32))
train_step = tf.train.AdamOptimizer(lr).minimize(cross_entropy)

tf.summary.scalar("cost", cross_entropy)
tf.summary.scalar("accuracy", accuracy)
summary_op = tf.summary.merge_all()

init = tf.global_variables_initializer()
sess = tf.Session()
sess.run(init)

with tf.Session() as sess:
    sess.run(tf.global_variables_initializer())
    writer = tf.summary.FileWriter (logs_path,\
                                    graph=tf.get_default_graph())

    for epoch in range(training_epochs):
        batch_count = int(mnist.train.num_examples/batch_size)
        for i in range(batch_count):
            batch_x, batch_y = mnist.train.next_batch(batch_size)
            _, summary = sess.run([train_step, summary_op],\
                                  feed_dict={X: batch_x,\
                                             Y_: batch_y})
            writer.add_summary(summary,\
                               epoch * batch_count + i)
        #if epoch % 2 == 0:
```

```
        print "Epoch: ", epoch

    print "Accuracy: ", accuracy.eval\
            (feed_dict={X: mnist.test.images,\
                        Y_: mnist.test.labels})
    print "done"
```

3.7 ReLU 分类器

上一个架构变动改进了我们模型的分类准确率，但仍可以将sigmoid激活函数改为线性修正单元，并获得更大的改进。该函数的图像如图3-9所示。

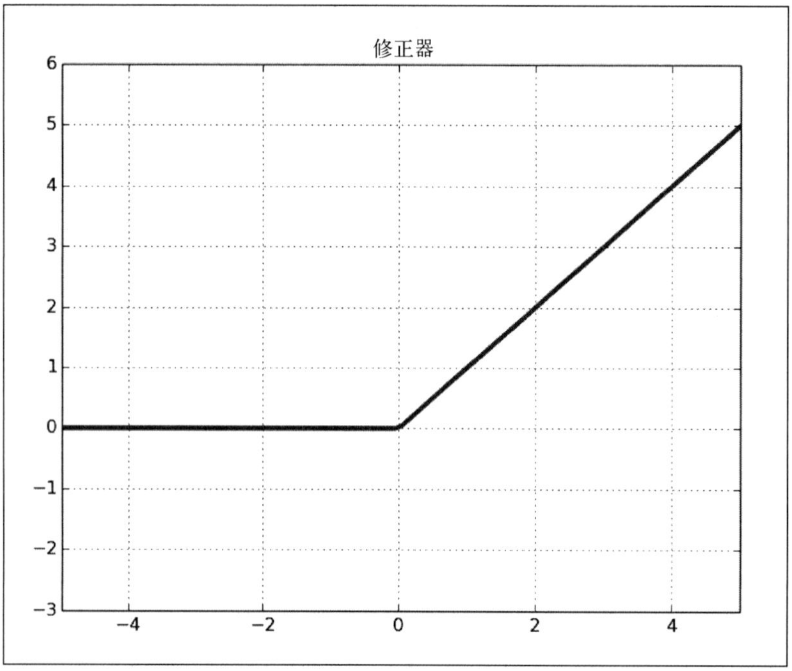

图3-9　ReLU函数

线性修正单元（**Rectified Linear Unit, ReLU**）的函数形式为$f(x)=\max(0, x)$。ReLU的**运算速度**很快，因为它不需要进行指数运算，这一点与sigmoid和tanh等激活函数不同。另外，与sigmoid/tanh相比，ReLU可以大大加速随机梯度下降的收敛速度。

为使用ReLU函数，只需将前面实现的模型前四层的几个定义改成下述语句。

第一层输出：

```
Y1 = tf.nn.relu(tf.matmul(XX, W1) + B1)
```

第二层输出：

```
Y2 = tf.nn.relu(tf.matmul(Y1, W2) + B2)
```

第三层输出：

```
Y3 = tf.nn.relu(tf.matmul(Y2, W3) + B3)
```

第四层输出：

```
Y4 = tf.nn.relu(tf.matmul(Y3, W4) + B4)
```

当然，`tf.nn.relu`是TensorFlow对ReLU的实现。

此时模型的准确率达到约98%，运行代码后可得到如下输出：

```
>>>
Loading data/train-images-idx3-ubyte.mnist
Loading data/train-labels-idx1-ubyte.mnist
Loading data/t10k-images-idx3-ubyte.mnist
Loading data/t10k-labels-idx1-ubyte.mnist
Epoch:  0
Epoch:  1
Epoch:  2
Epoch:  3
Epoch:  4
Epoch:  5
Epoch:  6
Epoch:  7
Epoch:  8
Epoch:  9
Accuracy: 0.9789
done
>>>
```

3.8 可视化

和前面一样，利用TensorBoard对模型进行分析。在代码运行的文件夹打开终端，输入以下命令：

```
$> Tensorboard --logdir='log_simple_stats_5_layers_relu_softmax'
```

然后打开浏览器，转到localhost，查看TensorBoard的起始页。

图3-10展示了分类准确率随训练集样本数量的变化趋势。

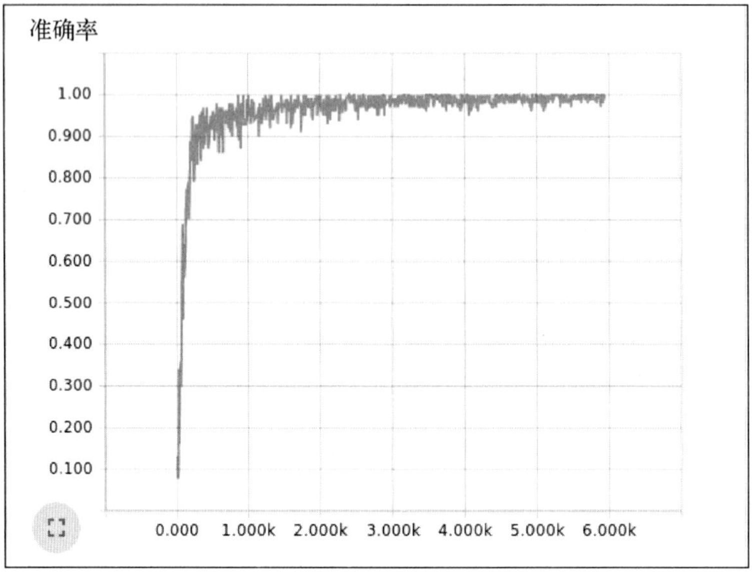

图3-10　不同训练样本的准确率

从图3-10中可以很容易地看出，一开始的分类准确率很低，但在约1000个训练样本参与训练后，准确率得到迅速改进。

ReLU 分类器源代码

下面给出ReLU分类器实现的完整源代码：

```
import mnist_data
import tensorflow as tf
import math

logs_path = 'log_simple_stats_5_layers_relu_softmax'
batch_size = 100
learning_rate = 0.5
training_epochs = 10

mnist = mnist_data.read_data_sets("data")

X = tf.placeholder(tf.float32, [None, 28, 28, 1])
Y_ = tf.placeholder(tf.float32, [None, 10])
lr = tf.placeholder(tf.float32)

# five layers and their number of neurons (tha last layer has 10 softmax neurons)
L = 200
M = 100
N = 60
O = 30
```

```
W1 = tf.Variable(tf.truncated_normal([784, L], stddev=0.1
B1 = tf.Variable(tf.ones([L])/10)
W2 = tf.Variable(tf.truncated_normal([L, M], stddev=0.1))
B2 = tf.Variable(tf.ones([M])/10)
W3 = tf.Variable(tf.truncated_normal([M, N], stddev=0.1))
B3 = tf.Variable(tf.ones([N])/10)
W4 = tf.Variable(tf.truncated_normal([N, O], stddev=0.1))
B4 = tf.Variable(tf.ones([O])/10)
W5 = tf.Variable(tf.truncated_normal([O, 10], stddev=0.1))
B5 = tf.Variable(tf.zeros([10]))

XX = tf.reshape(X, [-1, 784])
Y1 = tf.nn.relu(tf.matmul(XX, W1) + B1)
Y2 = tf.nn.relu(tf.matmul(Y1, W2) + B2)
Y3 = tf.nn.relu(tf.matmul(Y2, W3) + B3)
Y4 = tf.nn.relu(tf.matmul(Y3, W4) + B4)
Ylogits = tf.matmul(Y4, W5) + B5
Y = tf.nn.softmax(Ylogits)

cross_entropy = tf.nn.softmax_cross_entropy_with_logits(logits=Ylogits, labels=Y_)
cross_entropy = tf.reduce_mean(cross_entropy)*100

correct_prediction = tf.equal(tf.argmax(Y, 1), tf.argmax(Y_, 1))
accuracy = tf.reduce_mean(tf.cast(correct_prediction, tf.float32))

train_step = tf.train.AdamOptimizer(lr).minimize(cross_entropy)

#tensorboard parameters
tf.summary.scalar("cost", cross_entropy)tf.summary.scalar("accuracy", accuracy)
summary_op = tf.summary.merge_all()
init = tf.global_variables_initializer()
sess = tf.Session()
sess.run(init)

with tf.Session() as sess:
    sess.run(tf.global_variables_initializer())
    writer = tf.summary.FileWriter (logs_path,\
                                    graph=tf.get_default_graph())

    for epoch in range(training_epochs):
        batch_count = int(mnist.train.num_examples/batch_size)
        for i in range(batch_count):
            batch_x, batch_y = mnist.train.next_batch(batch_size)
            max_learning_rate = 0.003
            min_learning_rate = 0.0001
            decay_speed = 2000
            learning_rate = min_learning_rate+\
                            (max_learning_rate - min_learning_rate)\
                            * math.exp(-i/decay_speed)
            _, summary = sess.run([train_step, summary_op],\
                                    {X: batch_x, Y_: batch_y,\
                                    lr: learning_rate})
            writer.add_summary(summary,\
```

```
                              epoch * batch_count + i)
        print "Epoch: ", epoch

    print "Accuracy: ", accuracy.eval\
          (feed_dict={X: mnist.test.images, Y_: mnist.test.labels})
    print "done"
```

3.9 dropout 优化

在学习阶段，网络层与下一层的连接可以限制为神经元的一个子集，以减少需要更新的权重数量。这种学习优化技术称为**dropout**优化。因此，dropout技术可以减少层数较多和/或神经元数量较多的网络的过拟合问题。一般情况下，dropout层置于训练神经元较多的网络层之后。

这种技术允许神经元设定为0，然后放弃激活前一层中特定比例的神经元。“某个神经元的激活被设定为0”的概率由层内的dropout比例参数标记，为一个0~1的值。在实际运行中，一个神经元是否激活依赖于由dropout比率定义的概率值，否则该神经元不会被激活，即设定为0。

因此，经过这种处理的神经元在前向传播甚至在下一轮反向传播过程中，不会对特定输入产生影响。这样，对每个输入，网络的架构都会产生微小变化，有些连接被激活，而有些连接被放弃。每轮都是如此，即使这些架构都拥有相同的权重。图3-11展示了dropout的工作机制：每个隐藏单元都以概率p被随机从网络中忽略。一个需要注意的问题是，对于每一个训练实例，选出的dropout单元都不同。因此，在训练过程中，dropout可以有效针对拥有大量不同神经元的网络模型进行平均，从而用很少的计算量在较大程度上避免过拟合问题，而无需改变网络结构。

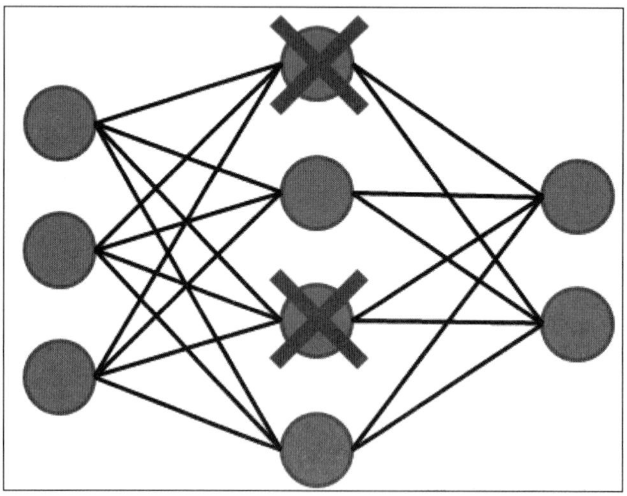

图3-11　dropout示意图

dropout方法减少了一个神经元对其他神经元依赖的可能，所以网络被迫学习到更多健壮的特征，这些特征在当前神经元与其他神经元有连接时依然有效。

TensorFlow中，用于构建dropout层的函数为`tf.nn.dropout`。

该函数的输入是前面一层的输出和一个dropout参数，`tf.nn.dropout`返回一个与输入张量大小相同的输出张量。

该模型的实现方法和前面的五层神经网络相似，但这种情况下，在两个网络层之间需要插入一个dropout函数。


```
dropout_ratio = tf.placeholder(tf.float32)

Y1 = tf.nn.relu(tf.matmul(XX, W1) + B1)
Y1d = tf.nn.dropout(Y1, dropout_ratio)

Y2 = tf.nn.relu(tf.matmul(Y1d, W2) + B2)
Y2d = tf.nn.dropout(Y2, dropout_ratio)

Y3 = tf.nn.relu(tf.matmul(Y2d, W3) + B3)
Y3d = tf.nn.dropout(Y3, dropout_ratio)

Y4 = tf.nn.relu(tf.matmul(Y3d, W4) + B4)
Y4d = tf.nn.dropout(Y4, dropout_ratio)

Ylogits = tf.matmul(Y4d, W5) + B5
Y = tf.nn.softmax(Ylogits)
```

dropout优化将产生如下输出：

```
>>>
Loading data/train-images-idx3-ubyte.mnist
Loading data/train-labels-idx1-ubyte.mnist
Loading data/t10k-images-idx3-ubyte.mnist
Loading data/t10k-labels-idx1-ubyte.mnist
Epoch:  0
Epoch:  1
Epoch:  2
Epoch:  3
Epoch:  4
Epoch:  5
Epoch:  6
Epoch:  7
Epoch:  8
Epoch:  9
Accuracy: 0.9666
done
>>>
```

尽管我们实现了dropout优化，但现在其表现仍然没有之前的ReLU网络好。你可以试着通过调整网络参数来改善该模型的分类准确率。

3.10　可视化

要开始用TensorBoard分析，只需输入如下命令：

```
$> Tensorboard --logdir = 'log_simple_stats_5_lyers_dropout'
```

图3-12展示了准确率随训练样本数的变化。

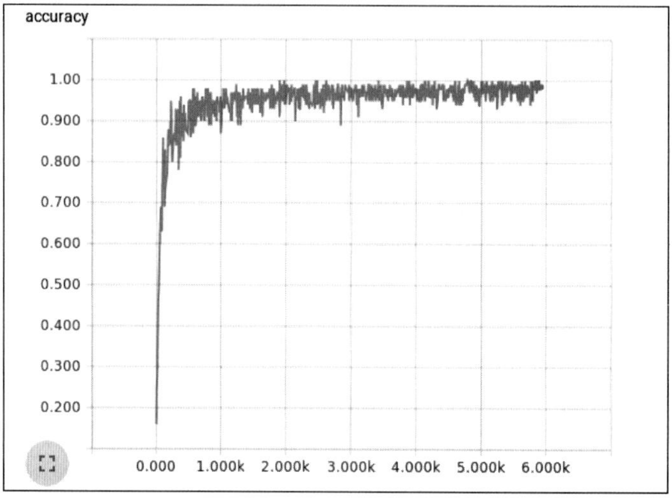

图3-12　dropout优化中的准确率

图3-13展示了代价函数cost的值随着训练样本数的变化。

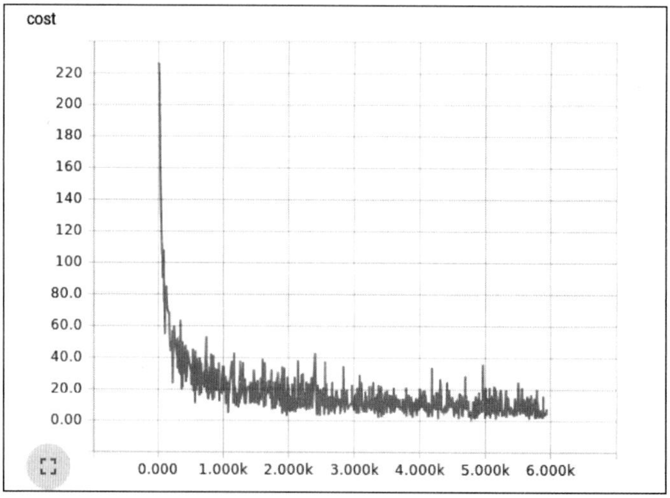

图3-13　训练集上的代价函数

图3-12和图3-13中的趋势都是正确的：随着训练样本的增加，分类准确率增加；随着迭代次数的增加，代价函数值减少。

dropout 优化源代码

dropout优化是前馈神经网络实现的最后一步。下面是dropout优化的完整代码，供各位继续分析和实现：

```
import mnist_data
import tensorflow as tf
import math

logs_path = 'log_simple_stats_5_lyers_dropout'
batch_size = 100
learning_rate = 0.5
training_epochs = 10

mnist = mnist_data.read_data_sets("data")

X = tf.placeholder(tf.float32, [None, 28, 28, 1])
Y_ = tf.placeholder(tf.float32, [None, 10])
lr = tf.placeholder(tf.float32)
pkeep = tf.placeholder(tf.float32)

L = 200
M = 100
N = 60
O = 30

W1 = tf.Variable(tf.truncated_normal([784, L], stddev=0.1))
B1 = tf.Variable(tf.ones([L])/10)
W2 = tf.Variable(tf.truncated_normal([L, M], stddev=0.1))
B2 = tf.Variable(tf.ones([M])/10)
W3 = tf.Variable(tf.truncated_normal([M, N], stddev=0.1))
B3 = tf.Variable(tf.ones([N])/10)
W4 = tf.Variable(tf.truncated_normal([N, O], stddev=0.1))
B4 = tf.Variable(tf.ones([O])/10)
W5 = tf.Variable(tf.truncated_normal([O, 10], stddev=0.1))
B5 = tf.Variable(tf.zeros([10]))

# The model, with dropout at each layer
XX = tf.reshape(X, [-1, 28*28])

Y1 = tf.nn.relu(tf.matmul(XX, W1) + B1)
Y1d = tf.nn.dropout(Y1, pkeep)

Y2 = tf.nn.relu(tf.matmul(Y1d, W2) + B2)
Y2d = tf.nn.dropout(Y2, pkeep)

Y3 = tf.nn.relu(tf.matmul(Y2d, W3) + B3)
Y3d = tf.nn.dropout(Y3, pkeep)
```

```
Y4 = tf.nn.relu(tf.matmul(Y3d, W4) + B4)
Y4d = tf.nn.dropout(Y4, pkeep)

Ylogits = tf.matmul(Y4d, W5) + B5
Y = tf.nn.softmax(Ylogits)

cross_entropy = tf.nn.softmax_cross_entropy_with_logits(logits=Ylogits, labels=Y_)
cross_entropy = tf.reduce_mean(cross_entropy)*100

correct_prediction = tf.equal(tf.argmax(Y, 1), tf.argmax(Y_, 1))
accuracy = tf.reduce_mean(tf.cast(correct_prediction, tf.float32))
train_step = tf.train.AdamOptimizer(lr).minimize(cross_entropy)

tf.summary.scalar("cost", cross_entropy)
tf.summary.scalar("accuracy", accuracy)
summary_op = tf.summary.merge_all()
init = tf.global_variables_initializer()
sess = tf.Session()
sess.run(init)

with tf.Session() as sess:
    sess.run(tf.global_variables_initializer())
    writer = tf.summary.FileWriter (logs_path,\
                                    graph=tf.get_default_graph())

    for epoch in range(training_epochs):
        batch_count = int(mnist.train.num_examples/batch_size)
        for i in range(batch_count):
            batch_x, batch_y = mnist.train.next_batch(batch_size)
            max_learning_rate = 0.003
            min_learning_rate = 0.0001
            decay_speed = 2000
            learning_rate = min_learning_rate+\
                            (max_learning_rate - min_learning_rate)\
                            * math.exp(-i/decay_speed)
            _, summary = sess.run([train_step, summary_op],\
                                  {X: batch_x, Y_: batch_y,\
                                  pkeep: 0.75, lr: learning_rate})
            writer.add_summary(summary,\
                               epoch * batch_count + i)
        print "Epoch: ", epoch

    print "Accuracy: ", accuracy.eval\
            (feed_dict={X: mnist.test.images,\
                        Y_: mnist.test.labels, pkeep: 0.75})
    print "done"
```

3.11　小结

我们讲解了如何实现一个**前馈神经网络**架构，以处理图像分类问题。

一个前馈神经网络包含一系列输入单元、一系列输出单元，以及一个或多个隐藏单元，负责连接输入单元与输出单元。每层之间节点的连接是完全的，而且方向相同：每个单元从上一层的所有单元接收信号，产生输出值，加权并发射到下一层的所有单元。对于每一层，必须定义一个传递函数（sigmoid、softmax、ReLU等）。选择何种传递函数依赖于网络架构，以及需要解决的具体问题。

然后我们实现了4种不同的前馈神经网络模型：第一种只含有一个隐藏层，激活函数为softmax函数；其余三种更加复杂，总共有5个隐藏层，但激活函数不同。

- 4个sigmoid层和一个softmax层
- 4个ReLU层和一个softmax层
- 4个带有dropout优化的ReLU层和一个sofmax层

下一章将探究更加复杂的神经网络模型——**卷积神经网络**，该网络对深度学习技术产生了深远的影响。我们将学习它的主要特性，并实现几个示例。

第4章

TensorFlow与卷积神经网络

卷积神经网络是一种深度学习网络，在很多实际应用中——最早是在物体识别领域——都有优秀的表现。CNN架构被组织为一系列的块，第一个块由两种层组成：卷积层和池化层；后面的块为完全连接的、带有softmax层的许多网络层。

本章将讲解CNN网络应用于图像分类的两个例子。第一个问题为经典的MNIST数字分类系统，我们会看到如何通过构建CNN网络实现99%的分类准确率。第二个例子的训练集来自Kaggle平台，此处的目的是在一系列人脸图像上训练网络，从而实现表情分类。

我们将评价模型的分类准确率，然后用一张不属于原数据集的图片对模型进行测试。

本章包含以下主题：

- CNN简介
- CNN架构
- 一个CNN模型——LeNet
- 构建你的第一个CNN
- CNN表情识别

4.1 CNN简介

近几年，**深度神经网络**成为学术界和工业界的一个崭新推动力，得到越来越广泛的应用。**卷积神经网络**是一种特殊的深度神经网络，其在图像分类问题上的应用已经取得非常成功的效果。

讲解CNN图像分类器的实现之前，我们先介绍一些图像识别的基本概念，如特征检测和卷积等。

众所周知，真正的图像由一个网格组成，网格包含大量小方块，这些小方块称为**像素**。图4-1展示了一个黑白图像，由5 × 5格像素组成。

图4-1 黑白图像

网格中的每个元素对应一个像素。在这个黑白图像的例子中，假设值为1的像素对应黑色，值为0的像素对应白色。在灰阶图像中，每个网格元素的取值范围为[0, 255]，0代表黑色，255代表白色。

最后，彩色图像由一组三维矩阵表示，每一维代表一个颜色通道（红、绿、蓝）；每个矩阵上的每个元素可在[0, 255]整个区间上变化，以确定亮度和基础颜色（或基色）。

彩色图像的示意图如图4-2所示。该矩阵大小为4 × 4，颜色通道数为3。

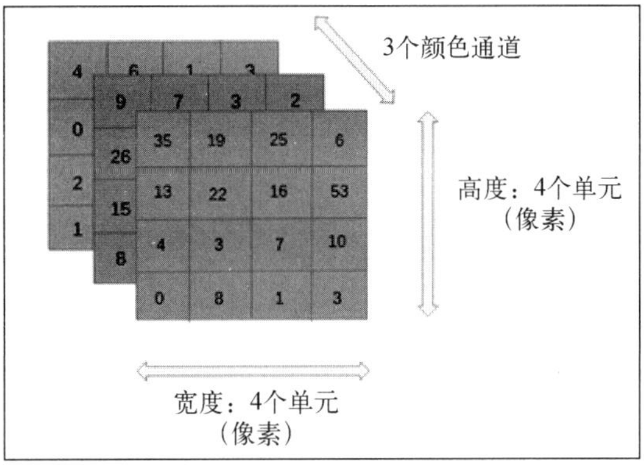

图4-2 彩色图像示意图

现在再来看之前的黑白图像（5 × 5阶矩阵），并假设令另一个更低阶的矩阵（如3 × 3大小）从上到下、从左到右在其上游动。该低阶矩阵示意图如图4-3所示。

$$\begin{bmatrix}1 & 0 & 1\\0 & 1 & 0\\1 & 0 & 1\end{bmatrix}$$

图4-3 卷积核

这个游动的矩阵被称为**卷积核**或**特征检测器**。当卷积核在输入矩阵(或输入图像)上游动时，会计算核值与当前块的张量积。得出的结果组成一个新的矩阵，称为**卷积矩阵**。

图4-4演示了卷积的过程。被卷积特征（得出的3 × 3阶矩阵）是由卷积操作生成的，也就是令卷积核（3 × 3阶矩阵）在输入图像（5 × 5阶矩阵）上游动。

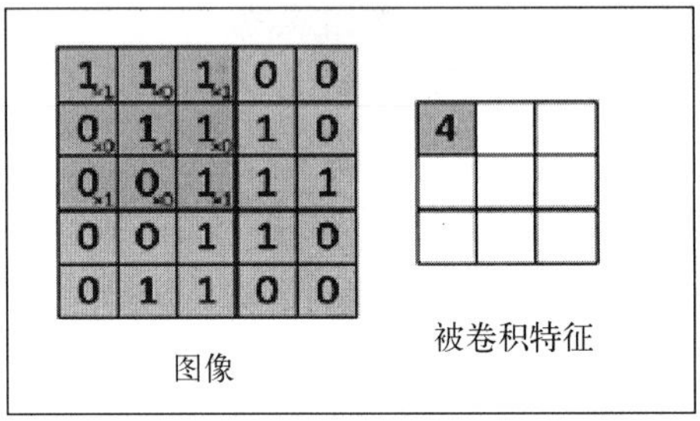

图4-4　输入图像、卷积核和被卷积特征

4.2　CNN 架构

以前面展示的5 × 5阶输入矩阵为例，一个CNN包含一个含有25个神经元（5 × 5 = 25）的输入层，其作用为获取与每个像素对应的输入值，并将其传输到下一个隐藏层。

在多层网络中，输入层每个神经元的输出都与隐藏层的所有神经元相连接(全相连层)。

在CNN网络中，定义卷积层的连接方式和之前的网络大不相同。

你可能会猜到，卷积层是CNN网络层中最主要的一种。在CNN中，使用一个或多个卷积层是不可避免的。

在卷积层中，每个神经元与输入区的某个特定区域相连，这种区域称为**感受野**。

例如，使用一个3 × 3的卷积核，每个神经元会有一个偏差和9 = 3 × 3个权重，与一个感受野连接。当然，为有效识别图像，我们需要将不同的卷积核加载到同一个感受野上，因为每个不同的卷积核会识别不同特征对应的图像。

用于识别同一特征的一组神经元定义了一个特征图。

图4-5展示了一个工作中的CNN架构。输入图像大小为28 × 28像素，用一个卷积层对其进行卷积，其中的特征图含有32个大小为28 × 28的特征。该图还显示了一个3 × 3大小的感受野和卷积核。

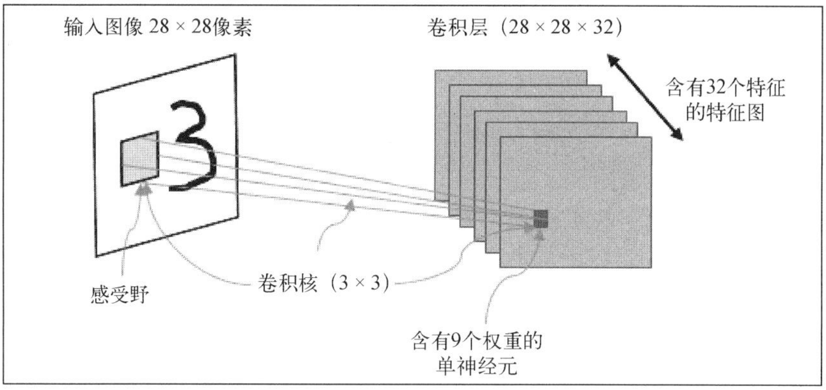

图4-5 工作中的CNN

一个CNN可能包含几个级联的卷积层。每个卷积层的输出都是一组特征图（每个特征图是由同一个卷积核生成的），且所有这些矩阵一起定义了一个新的输入，供下一个网络层使用。

通常，CNN中每个达到激活阈值的神经元被激活，产生一个与输入成比例的、无界的输出。一般使用的激活函数为第3章介绍过的ReLU函数。

另外，CNN会使用池化层，该层紧随卷积层之后。池化层将卷积区域分成若干个子区域，并选择一个代表值（采用最大池化或平均池化的方法），以减少后面层的计算时间，增加不同空间位置特征的鲁棒性。

卷积网络的最后一个隐藏层是全连接的，激活函数为softmax函数，结果输送至输出层。

一个 CNN 模型——LeNet

卷积和池化层是**LeNet**族模型的核心。该模型是一种多层前馈网络，专门用于视觉模式识别。

这种模型包含的细节非常多。图4-6展示了LeNet网络的图形框架。

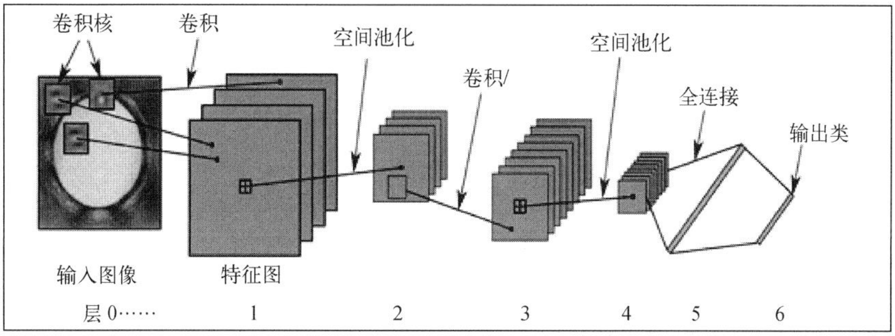

图4-6 LeNet网络

在LeNet模型中，较低的层由卷积层和池化层交替组成，后面的层是全连接的，相当于一个传统的前馈神经网络（全连接 + softmax层）。

第一个全连接层的输入是该层之前所有特征图组成的集合。

从TensorFlow实现的角度看，这表示较低的层需要处理四维张量。然后这些张量会被展开成为二维矩阵，以兼容前馈网络的实现。

若要了解LeNet族模型的基本信息，参见http://yann.lecun.com/exdb/lenet/index.html。

4.3　构建你的第一个 CNN

本节将学习如何构建一个CNN，为MNIST数据集中的图像分类。在前面的章节中我们了解到，一个简单的softmax模型在MNIST手写数字数据集上可以实现约92%的分类准确率。

现在要实现的CNN模型分类准确率可以达到99%。

图4-7展示了数据在前两个卷积层游动的方式。第一个卷积层使用卷积核权重处理输入图像，其结果为32个新的图像，每个图像对应于卷积层内的一个卷积核。这些图像还会通过池化操作被下采样，从而使图像分辨率从28 × 28降到14 × 14。

这32个变小了的图像会继续被第二个卷积层处理。我们需要用卷积核权重处理这32个特征，同时，该层的每个输出通道也需要得到处理。这些图像再次被池化操作下采样，图像分辨率从14 × 14降到7 × 7。该卷积层的特征总数为64。

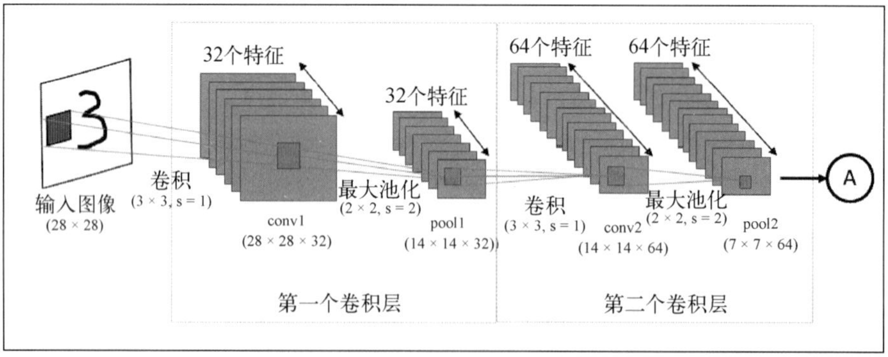

图4-7　前两个卷积层中的数据流

如图4-8所示，这64个结果图像被第三个（3 × 3）卷积层再次进行滤波。在这一层中，我们不再进行池化操作。该卷积层的输出为128个7 × 7像素的图像。随后，这些图像被展开为一个长度为4 × 4 × 128的向量，并会被作为输入，传送到含有128个神经元（或元素）的全连接层。

上面的全连接层的输出又会被馈给另一个含有10个神经元的全连接层。该层中的每个神经元对应一个类，用于识别图像属于哪个类，即图像上显示的是哪个数字。

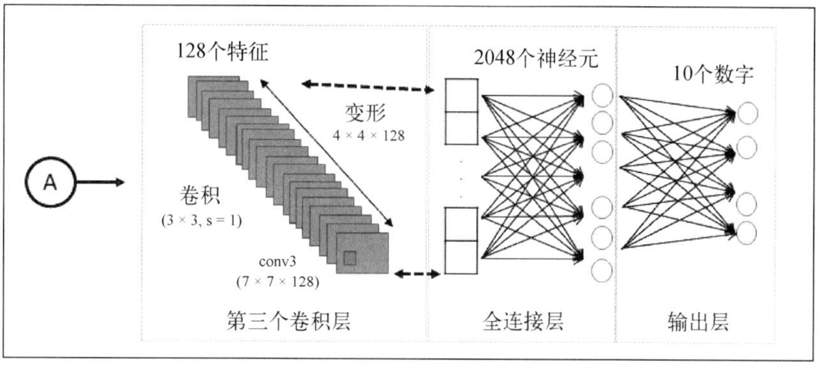

图4-8 最后三个卷积层中的数据流

最初，卷积核是随机选取的。输入图像的预测分类和实际分类之间的误差是由所谓的**代价函数**计算的，它可以泛化我们由训练数据生成的网络。然后，优化函数自动将误差反向传播，使其通过卷积网路并更新卷积核权重，以减小分类误差。

这种操作会重复迭代数千次，直到分类误差足够小为止。

现在详细讲解如何为我们的第一个CNN编写代码。

首先，导入实现网络所需的TensoFlow库：

```
import tensorflow as tf
import numpy as np
from tensorflow.examples.tutorials.mnist import input_data
```

接着，设置以下参数。两个参数分别表示训练阶段（`128`）和测试阶段（`256`）的样本数量：

```
batch_size = 128
test_size = 256
```

然后定义下面的参数。其值为`28`，因为MNIST图像的宽和高为`28`像素：

```
img_size = 28
```

考虑到类的数量，数值`10`表示我们为10个数字中的每一个都定义了一个类：

```
num_class = 10
```

为输入图像定义占位符变量`X`。该张量的数据类型被设置为`float32`，形状设置为`[None, img_size, img_size, 1]`。此处`None`表示该张量可以保存任意数量的图像：

```
X = tf.placeholder("float", [None, img_size, img_size, 1])
```

然后设置另一个占位符变量Y，表示每个输入到占位符变量X中的图像对应的真实类标签。

该占位符变量的形状为[None, num_classes]，代表该张量可以保存任意数量的标签，且每个标签为长度num_classes的一个向量。此处num_classes取10：

```
Y = tf.placeholder("float", [None, num_classes])
```

然后导入mnist数据，数据会被复制到data文件夹：

```
mnist = input_data.read_data_sets("data/")
```

建立数据集，对网络进行训练(trX, trY)和测试(teX, teY)：

```
trX, trY, teX, teY = mnist.train.images,\
                     mnist.train.labels,\
                     mnist.test.images,\
                     mnist.test.labels
```

trX和trY图像集必须根据输入形状进行变形：

```
trX = trX.reshape(-1, img_size, img_size, 1)
teX = teX.reshape(-1, img_size, img_size, 1)
```

现在，可以开始定义网络权重了。

init_weights函数能构建给定形状的新变量，并初始化网络权重为随机值：

```
def init_weights(shape):
    return tf.Variable(tf.random_normal(shape, stddev=0.01))
```

第一个卷积层中的每个神经元均由输入张量的一个小子集卷积而来，其维度为3 × 3 × 1。数值32是这一层的特征图数量。因此，可以将权重w定义如下：

```
w = init_weights([3, 3, 1, 32])
```

输入的数量上升至32，也就是说，第二个卷积层中的每个神经元均由第一个卷积层中3 × 3 × 32个神经元卷积而来。权重w2定义如下：

```
w2 = init_weights([3, 3, 32, 64])
```

数值64代表该层获得的输出特征数量。

第三个卷积层由前一层的3 × 3 × 64个神经元卷积而来，其输出特征数量为128：

```
w3 = init_weights([3, 3, 64, 128])
```

第四层是一个全连接层。该层接收128 × 4 × 4的输入，输出数量为625：

```
w4 = init_weights([128 * 4 * 4, 625])
```

输出层接收625个输入，其输出为类的数量：

```
w_o = init_weights([625, num_classes])
```

注意，此处并没有完成数据初始化，它们只定义于TensorFlow图中：

```
p_keep_conv = tf.placeholder("float")
p_keep_hidden = tf.placeholder("float")
```

下面可以开始定义网络模型。根据前面对网络权重的定义，模型的实质是一个函数。

该函数接收的输入为X张量、权重张量，以及卷积层和全连接层的dropout参数：

```
def model(X, w, w2, w3, w4, w_o, p_keep_conv, p_keep_hidden):
```

函数tf.nn.conv2d()负责执行TensorFlow的卷积操作。注意，对每个维度，其步长均设为1。

实际上，第一维和最后一维的步长一定总为1，因为第一维代表图像数量，最后一维代表输入通道。参数padding被设置为SAME，意为输入图像边界被0填充，以保证输出大小一致： 4

```
conv1 = tf.nn.conv2d(X, w, strides=[1, 1, 1, 1], padding='SAME')
```

然后，将conv1层传递给一个relu层。这会计算每个输入像素x的max(x, 0)函数，为公式增添一些非线性，使我们能够学习出更加复杂的函数：

```
conv1 = tf.nn.relu(conv1)
```

接着，使用tf.nn.max_pool操作符对得出的结果层进行池化操作：

```
conv1 = tf.nn.max_pool(conv1, ksize=[1, 2, 2, 1]
                       , strides = [1, 2, 2, 1],
              padding = 'SAME')
```

这是一个2 × 2最大池化操作，意为使用2 × 2的窗，选择每个窗中的最大值。然后移动两个像素，进入下一个窗继续该操作。

为减小过拟合，使用tf.nn.dropout()函数，将conv1层和p_keep_conv概率值传入其中：

```
conv1 = tf.nn.dropout(conv1, p_keep_conv)
```

可以看到，接下来的两个卷积层conv2和conv3，定义方式和conv1相同：

```
conv2 = tf.nn.conv2d(conv1, w2,
                     strides=[1, 1, 1, 1],
                     padding='SAME')
conv2 = tf.nn.relu(conv2)
conv2 = tf.nn.max_pool(conv2, ksize=[1, 2, 2, 1],
                    strides=[1, 2, 2, 1],
                    padding='SAME')
conv2 = tf.nn.dropout(conv2, p_keep_conv)
conv3 = tf.nn.conv2d(conv2, w3,
```

```
                        strides=[1, 1, 1, 1],
                        padding='SAME')

conv3 = tf.nn.relu(conv3)
```

然后，向网络中添加两个全连接层FC_layer。第一个FC_layer的输入为前面一个卷积层：

```
FC_layer = tf.nn.max_pool(conv3, ksize=[1, 2, 2, 1],
                    strides=[1, 2, 2, 1],
                    padding='SAME')

FC_layer = tf.reshape(FC_layer,[-1,w4.get_shape().as_list()[0]])
```

再次使用dropout函数，减少过拟合：

```
FC_layer = tf.nn.dropout(FC_layer, p_keep_conv)
```

输出层接收FC_layer作为输入，并接收权重张量w4。同时，分别应用relu和dropout操作符：

```
output_layer = tf.nn.relu(tf.matmul(FC_layer, w4))
output_layer = tf.nn.dropout(output_layer, p_keep_hidden)
```

变量result是一个长度为10的向量，用于确定输入图像属于10个类中的哪一个：

```
result = tf.matmul(output_layer, w_o)
return result
```

这一分类器中使用**交叉熵**作为评价指标。交叉熵是一个连续函数，其值总为正。如果预测输出等于期望输出，那么交叉熵的值为0。因此，优化的目标是通过调整网络参数最小化交叉熵，使其尽量接近0。

TensorFlow内置计算交叉熵的函数。注意，该函数内已计算softmax，所以必须直接使用py_x的输出：

```
py_x = model(X, w, w2, w3, w4, w_o, p_keep_conv, p_keep_hidden)
Y_ = tf.nn.softmax_cross_entropy_with_logits(logits=py_x, labels=Y)
```

现在，我们已经为每个分好类的图像定义了交叉熵，所以具备指标，可以评价模型在每个独立图像上的表现。但若要用交叉熵指导网络参数的优化，还需要一个张量值。因此，简单地为所有分类好的图像的交叉熵取均值：

```
cost = tf.reduce_mean(Y_)
```

为最小化上述代价函数，我们需要定义一个优化器。在这个例子中，采用已实现的RMSPropOptimizer函数。该函数为梯度下降的一个高级形式。

RMSPropOptimizer函数是RMSProp算法的实现。该算法是一个尚未发表的自适应学习率方法，由杰弗里·辛顿提出，可以在他的coursera课程的Lecture 6e中找到。

你可以在https://www.coursera.org/learn/neural-networks找到杰弗里·辛顿的课程。

RMSPropOptimizer函数用指数级衰减的梯度平方均值去除学习率。辛顿建议将衰减参数设置为0.9，而比较好的学习率默认值为0.001：

```
optimizer = tf.train.RMSPropOptimizer(0.001, 0.9).minimize(cost)
```

本质上，常见的**梯度下降**算法存在一个问题：学习率必须具有1/T的规模才能收敛。此处的T为迭代次数。RMSProp弥补了这一缺陷，因为它会自动调整步长，使其与梯度具有相同规模。随着平均梯度变小，SGD的更新系数会变大以进行弥补。

可以在http://www.cs.toronto.edu/%7Etijmen/csc321/slides/lecture_slides_lec6.pdf找到关于该算法的一份比较有趣的参考资料。

最后定义predict_op，它是模型的几个输出维度中最大值的索引：

```
predict_op = tf.argmax(py_x, 1)
```

注意，此时还没有进行优化操作。程序还没有进行任何计算，我们只是将优化器对象添加到TensorFlow图中以便随后执行。

现在开始定义网络的运行会话：训练集含有55 000个图像，所以使用所有这些图像计算模型的梯度会耗时很长。因此，在优化器的每轮迭代中，我们只使用这些图像中的一小批。如果计算机运行过程中由于内存不足而死机，或运行很慢，你可以试着降低每一批的图像数量，但同时可能需要增加迭代次数。

现在，可以定义TensorFlow会话了：

```
with tf.Session() as sess:
    sess.run(tf.global_variables_initializer())
    for i in range(100):
```

取一批训练样本，此时training_batch张量包含图像的一个子集及其对应标签：

```
training_batch = zip(range(0, len(trX), batch_size),\
                        range(batch_size,\
                         len(trX)+1,\
                           batch_size))
```

在图中取合适的占位符变量名，将这批数据馈给feed_dict。现在，用这批训练数据运行优化器，TensorFlow便会将数据的值传入占位符变量，并启动优化器：

```
for start, end in training_batch:
    sess.run(optimizer, feed_dict={X: trX[start:end],\
                                   Y: trY[start:end],\
                                   p_keep_conv: 0.8,\
                                   p_keep_hidden: 0.5})
```

同时，我们获得了可以滚动变化的一批样本：

```
test_indices = np.arange(len(teX))
np.random.shuffle(test_indices)
test_indices = test_indices[0:test_size]
```

对每一轮迭代，显示模型在该批数据集上的准确率：

```
print(i, np.mean(np.argmax(teY[test_indices], axis=1) ==\
                 sess.run\
                 (predict_op,\
                 feed_dict={X: teX[test_indices],\
                            Y: teY[test_indices],\
                            p_keep_conv: 1.0,\
                            p_keep_hidden: 1.0})))
```

训练一个网络可能需要耗费数小时，具体的时间取决于使用的计算资源数量。在我的机器上，模型的结果如下：

```
Successfully downloaded train-images-idx3-ubyte.gz 9912422 bytes.
Successfully extracted to train-images-idx3-ubyte.mnist 9912422 bytes.
Loading ata/train-images-idx3-ubyte.mnist
Successfully downloaded train-labels-idx1-ubyte.gz 28881 bytes.
Successfully extracted to train-labels-idx1-ubyte.mnist 28881 bytes.
Loading ata/train-labels-idx1-ubyte.mnist
Successfully downloaded t10k-images-idx3-ubyte.gz 1648877 bytes.
Successfully extracted to t10k-images-idx3-ubyte.mnist 1648877 bytes.
Loading ata/t10k-images-idx3-ubyte.mnist
Successfully downloaded t10k-labels-idx1-ubyte.gz 4542 bytes.
Successfully extracted to t10k-labels-idx1-ubyte.mnist 4542 bytes.
Loading ata/t10k-labels-idx1-ubyte.mnist
(0, 0.95703125)
(1, 0.98046875)
(2, 0.9921875)
(3, 0.99609375)
(4, 0.99609375)
(5, 0.98828125)
(6, 0.99609375)
(7, 0.99609375)
(8, 0.98828125)
(9, 0.98046875)
(10, 0.99609375)
.
(90, 1.0)
(91, 0.9921875)
(92, 0.9921875)
(93, 0.99609375)
(94, 1.0)
(95, 0.98828125)
(96, 0.98828125)
(97, 0.99609375)
(98, 1.0)
(99, 0.99609375)
```

在10 000轮迭代后，模型准确率达到了约99%。不错！

手写分类器源代码

为方便理解，现在给出前面讨论的CNN的完整源代码：

```
import tensorflow as tf
import numpy as np
from tensorflow.examples.tutorials.mnist import input_data

batch_size = 128
test_size = 256
img_size = 28
num_classes = 10

def init_weights(shape):
    return tf.Variable(tf.random_normal(shape, stddev=0.01))

def model(X, w, w2, w3, w4, w_o, p_keep_conv, p_keep_hidden):
    conv1 = tf.nn.conv2d(X, w,\
                         strides=[1, 1, 1, 1],\
                         padding='SAME')

    conv1_a = tf.nn.relu(conv1)
    conv1 = tf.nn.max_pool(conv1_a, ksize=[1, 2, 2, 1],\
                           strides=[1, 2, 2, 1],\
                           padding='SAME')
    conv1 = tf.nn.dropout(conv1, p_keep_conv)

    conv2 = tf.nn.conv2d(conv1, w2,\
                         strides=[1, 1, 1, 1],\
                         padding='SAME')
    conv2_a = tf.nn.relu(conv2)
    conv2 = tf.nn.max_pool(conv2_a, ksize=[1, 2, 2, 1],\
                           strides=[1, 2, 2, 1],\
                           padding='SAME')
    conv2 = tf.nn.dropout(conv2, p_keep_conv)

    conv3=tf.nn.conv2d(conv2, w3,\
                       strides=[1, 1, 1, 1],\
                       padding='SAME')

    conv3 = tf.nn.relu(conv3)

    FC_layer = tf.nn.max_pool(conv3, ksize=[1, 2, 2, 1],\
                              strides=[1, 2, 2, 1],\
                              padding='SAME')

    FC_layer = tf.reshape(FC_layer, [-1, w4.get_shape().as_list()[0]])
    FC_layer = tf.nn.dropout(FC_layer, p_keep_conv)

    output_layer = tf.nn.relu(tf.matmul(FC_layer, w4))
    output_layer = tf.nn.dropout(output_layer, p_keep_hidden)

    result = tf.matmul(output_layer, w_o)
    return result
```

4

```
mnist = input_data.read_data_sets("MNIST_data", one_hot=True)
trX, trY, teX, teY = mnist.train.images,\
                     mnist.train.labels,\
                     mnist.test.images,\
                     mnist.test.labels

trX = trX.reshape(-1, img_size, img_size, 1)    # 28x28x1 input img
teX = teX.reshape(-1, img_size, img_size, 1)    # 28x28x1 input img

X = tf.placeholder("float", [None, img_size, img_size, 1])
Y = tf.placeholder("float", [None, num_classes])

w = init_weights([3, 3, 1, 32])
w2 = init_weights([3, 3, 32, 64])
w3 = init_weights([3, 3, 64, 128])
w4 = init_weights([128 * 4 * 4, 625])
w_o = init_weights([625, num_classes])

p_keep_conv = tf.placeholder("float")
p_keep_hidden = tf.placeholder("float")
py_x = model(X, w, w2, w3, w4, w_o, p_keep_conv, p_keep_hidden)

Y_ = tf.nn.softmax_cross_entropy_with_logits(logits=py_x, labels=Y)
cost = tf.reduce_mean(Y_)
optimizer = tf.train.RMSPropOptimizer(0.001, 0.9).minimize(cost)
predict_op = tf.argmax(py_x, 1)

with tf.Session() as sess:
    tf.initialize_all_variables().run()

    for i in range(100):
        training_batch = \
                       zip(range(0, len(trX),\
                                 batch_size),\
                           range(batch_size,\
                                 len(trX)+1,\
                                 batch_size))

    for start, end in training_batch:
        sess.run(optimizer , feed_dict={X: trX[start:end],\
                                        Y: trY[start:end],\
                                        p_keep_conv: 0.8,\
                                        p_keep_hidden: 0.5})

    test_indices = np.arange(len(teX)) # Get A Test Batch
    np.random.shuffle(test_indices)
    test_indices = test_indices[0:test_size]

    print(i, np.mean(np.argmax(teY[test_indices], axis=1) == \
                       sess.run\
                       (predict_op,\
                       feed_dict={X: teX[test_indices],\
                                  Y: teY[test_indices],\
                                  p_keep_conv: 1.0,\
                                  p_keep_hidden: 1.0})))
```

4.4　CNN 表情识别

深度学习中，需要解决的一个最困难的问题并不是有关神经网络的问题，而是如何获取具有正确格式的正确数据。Kaggle平台（https://www.kaggle.com/，见图4-9）可以帮助我们找到新的研究问题，获取新的数据集，非常有价值。

Kaggle平台创建于2010年，是一个预测建模及分析的比赛平台。在这个平台上，公司及其研究人员发布数据，世界各地的统计学家和数据挖掘师参与比赛，为这些数据建立最佳预测并分析模型。

本节将展示如何建立一个CNN模型，以检测面部图像的表情。可以从https://inclass.kaggle.com/c/facial-keypoints-detector/data下载本例中的训练和测试数据。你可以使用自己的Facebook、谷歌或雅虎账号登录并下载数据，或者你可以创建新账户进行下载。

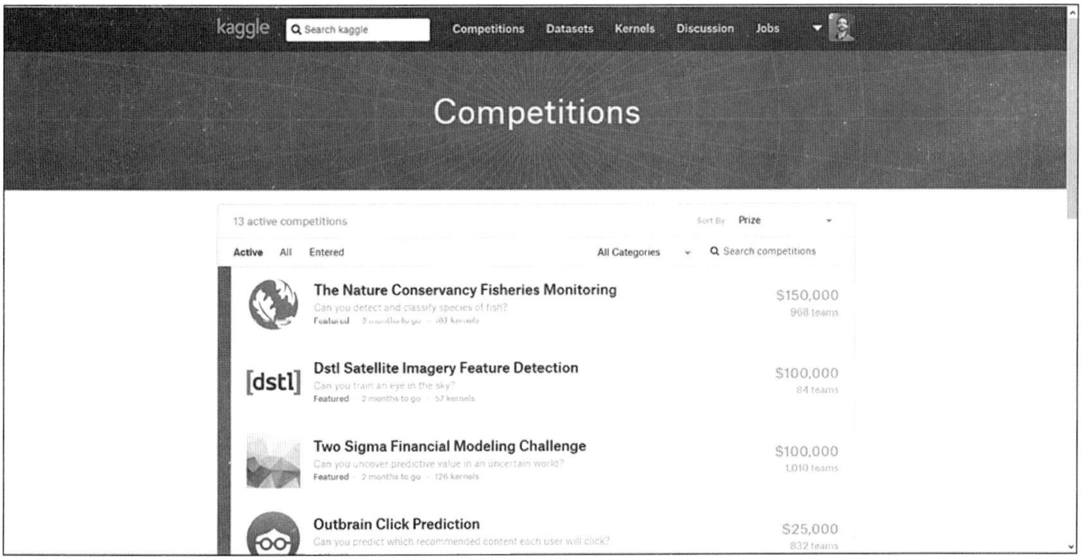

图4-9　Kaggle比赛页面

训练集包含3761张大小为48×48像素的灰度图像，和一个有3761个标签的集合，集合中共有7种元素。

每种元素表示一种表情，0=生气、1=反感、2=恐惧、3=高兴、4=难过、5=惊喜、6=无表情。

在经典的Kaggle比赛中，测试集中获取的标签集合必须提交到平台上进行评价。在这个例子中，我们会从训练集训练一个神经网络，随后用一张图片评价训练出的模型。

开始构建CNN之前，先实现一个简单的程序查看下载的数据。

使用以下代码导入需要的库：

```
import numpy as np
from matplotlib import pyplot as plt
import EmotionDetectorUtils
```

注意，此处有一个EmotionDetectorUtils依赖，该依赖要使用pandas包才能正常运行。现在，在Ubuntu的终端里输入如下命令，安装pandas包：

```
sudo apt-get update
sudo apt-get install python-pip
sudo pip install numpy
sudo pip install pandas
sudo apt-get install python-pandas
```

read_data函数允许你用下载的数据构建所有数据集。该函数包含于Emotion DetectorUtils库中，你可以从本书的代码仓库下载此库：

```
FLAGS = tf.flags.FLAGS
tf.flags.DEFINE_string("data_dir", "EmotionDetector/", "Path to data files")

train_images, train_labels, valid_images, valid_labels, test_images =
EmotionDetectorUtils.read_data(FLAGS.data_dir)
```

然后，输出训练图像集合和测试集的形状：

```
print "train images shape = ",train_images.shape
print "test labels shape = ",test_images.shape
```

显示训练集的第一个图像及其正确标签：

```
image_0 = train_images[0]
label_0 = train_labels[0]
print "image_0 shape = ",image_0.shape
print "label set = ",label_0
image_0 = np.resize(image_0,(48,48))

plt.imshow(image_0, cmap='Greys_r')
plt.show()
```

训练集共含有3761张大小为48 × 48像素的灰度图像：

```
train images shape = (3,761, 48, 48, 1)
```

训练集还包含3761个类标签，每个类含有7种元素：

```
train labels shape = (3,761, 7)
```

测试集由1312张大小为48 × 48的灰度图像组成：

```
test labels shape = (1,312, 48, 48, 1)
```

每个单独的图像形状如下：

```
image_0 shape = (48, 48, 1)
```

第一个图像的标签集合如下所示：

```
label set = [ 0. 0. 0. 1. 0. 0. 0.]
```

该图对应的是“高兴”的表情，用matplot绘图工具可视化为图4-10。

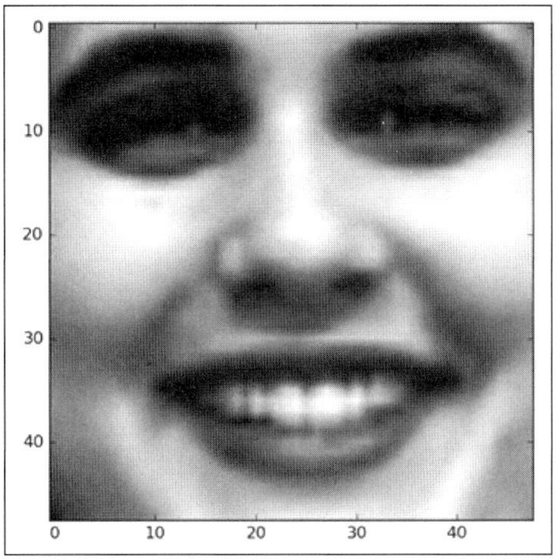

图4-10　表情检测数据集中的第一个图像

下面开始研究本例中的CNN架构。图4-11展示了将要实现的CNN中的数据流动情况。

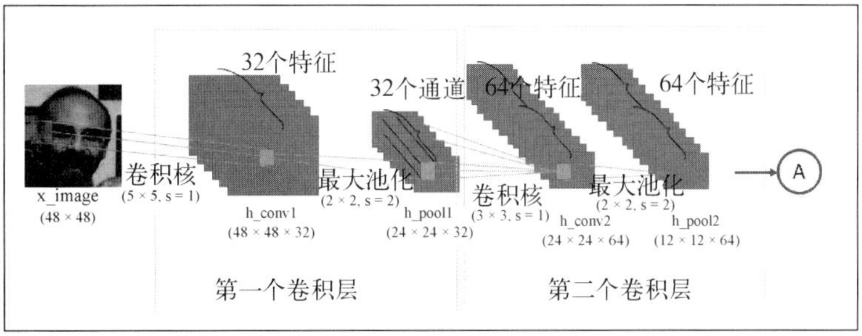

图4-11　本例CNN的前两个卷积层

该网络含有两个卷积层、两个全连接层，以及最后的一个softmax分类层。输入图像（48个像素）在第一个卷积层被5 × 5的卷积核卷积。卷积的结果为32个特征，每个特征由对应的卷积核产生。图像还经最大池化操作被下采样，将大小从48 × 48像素减小到24 × 24像素。这32个变小的图被第二个卷积层处理，该层的结果为64个新的特征（见图4-12）。结果图像经由池化操作被再一次下采样，变为12 × 12像素。

第二个池化层的输出由12 × 12像素的64个图像组成。然后这些图像被展开为一个一维向量，长度为12 × 12 × 64 = 9216。这个向量被作为输入，传入含有256个神经元的全连接层。而这一全连接层的输出又被馈给另一个含有10个神经元的全连接层，其中每个神经元代表一个类，用以确定图像所属的类别，即解码图像中描绘的表情。

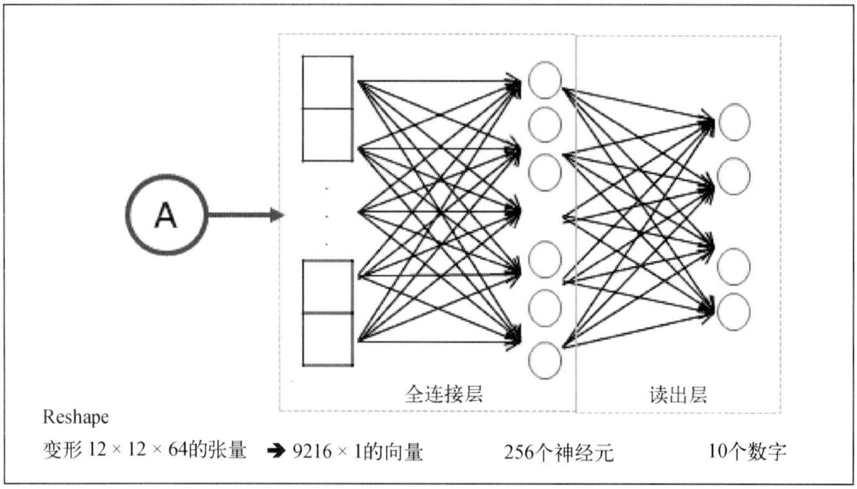

图4-12　本例中的CNN的最后两层

接下来定义weights和bias。下面的数据结构定义了网络的权重，并总结了前面描述的内容：

```
weights = {
    'wc1': weight_variable([5, 5, 1, 32], name="W_conv1"),
    'wc2': weight_variable([3, 3, 32, 64],name="W_conv2"),
    'wf1': weight_variable\
          ([(IMAGE_SIZE / 4) * (IMAGE_SIZE / 4) * 64, 256],name="W_fc1"),
    'wf2': weight_variable([256, NUM_LABELS], name="W_fc2")
}
```

再次提醒，本例中的卷积核是随机选取的，所以分类结果也是随机的：

```
def weight_variable(shape, stddev=0.02, name=None):
    initial = tf.truncated_normal(shape, stddev=stddev)
    if name is None:
        return tf.Variable(initial)
    else:
        return tf.get_variable(name, initializer=initial)
```

类似地，定义bias_variable：

```
biases = {
    'bc1': bias_variable([32], name="b_conv1"),
    'bc2': bias_variable([64], name="b_conv2"),
    'bf1': bias_variable([256], name="b_fc1"),
    'bf2': bias_variable([NUM_LABELS], name="b_fc2")
```

```
}
def bias_variable(shape, name=None):
    initial = tf.constant(0.0, shape=shape)
    if name is None:
        return tf.Variable(initial)
    else:
        return tf.get_variable(name, initializer=initial)
```

此外，还需定义一个优化器，利用求导的链式法则将网络的错误反向传播，使其通过CNN，并同时更新卷积核权重以减小分类错误。输入图像的预测值和真实值之间的错误由`loss`函数度量，该函数的输入为`pred`模型的输出值和`label`的真实值：

```
def loss(pred, label):
    cross_entropy_loss=\
                tf.nn.softmax_cross_entropy_with_logits(pred, label)
    cross_entropy_loss=tf.reduce_mean(cross_entropy_loss)
    reg_losses = tf.add_n(tf.get_collection("losses"))
    return cross_entropy_loss + REGULARIZATION * reg_losses
```


输出结果经`softmax`函数处理后，由`tf.nn.softmax_cross_entropy_with_logits(pred, label)`函数计算交叉熵`cross_entropy_loss`（实际上这两个操作是一起进行的，在数学上更为精确）。其结果类似于：

```
a = tf.nn.softmax(x)
b = cross_entropy(a)
```

为每个被分类的图像都计算`cross_entropy_loss`函数，这样即可度量模型在每个图像上的表现。

计算所有被分类图像的平均交叉熵：

```
cross_entropy_loss= tf.reduce_mean(cross_entropy_loss)
```

为防止过拟合，使用L2正则化方法，即向`cross_entropy_loss`函数插入一个附加项：

```
reg_losses = tf.add_n(tf.get_collection("losses"))
return cross_entropy_loss + REGULARIZATION * reg_losses
```

其中：

```
def add_to_regularization_loss(W, b):
    tf.add_to_collection("losses", tf.nn.l2_loss(W))
    tf.add_to_collection("losses", tf.nn.l2_loss(b))
```

更多关于防止过拟合的方法，请参见http://www.kdnuggets.com/2015/04/preventing-overfitting-neural-networks.html/2。

接下来，构建网络的**权重**、**偏差**以及优化程序。当然，和所有其他网络的实现过程一样，首先需要导入所有必要的库：

```
import tensorflow as tf
import numpy as np
import os, sys, inspect
from datetime import datetime
import EmotionDetectorUtils
```

接着，利用以下代码设置数据的存储路径和网络参数：

```
FLAGS = tf.flags.FLAGS
tf.flags.DEFINE_string("data_dir",\
                        "EmotionDetector/", "Path to data files")
tf.flags.DEFINE_string("logs_dir","logs/EmotionDetector_logs/",\
                        "Path to where log files are to be saved")
tf.flags.DEFINE_string("mode", "train", "mode: train (Default)/ test")

BATCH_SIZE = 128
LEARNING_RATE = 1e-3
MAX_ITERATIONS = 1001
REGULARIZATION = 1e-2
IMAGE_SIZE = 48
NUM_LABELS = 7
VALIDATION_PERCENT = 0.1
```

模型的实现由emotion_cnn函数完成：

```
def emotion_cnn(dataset):
    with tf.name_scope("conv1") as scope:
        tf.summary.histogram("W_conv1", weights['wc1'])
        tf.summary.histogram("b_conv1", biases['bc1'])
        conv_1 = tf.nn.conv2d(dataset, weights['wc1'],\
                              strides=[1, 1, 1, 1], padding="SAME")
        h_conv1 = tf.nn.bias_add(conv_1, biases['bc1'])
        h_1 = tf.nn.relu(h_conv1)
        h_pool1 = max_pool_2x2(h_1)
        add_to_regularization_loss(weights['wc1'], biases['bc1'])

    with tf.name_scope("conv2") as scope:
        tf.summary.histogram("W_conv2", weights['wc2'])
tf.summary.histogram("b_conv2", biases['bc2'])
        conv_2 = tf.nn.conv2d(h_pool1, weights['wc2'],\
                              strides=[1, 1, 1, 1], padding="SAME")
        h_conv2 = tf.nn.bias_add(conv_2, biases['bc2'])
        h_2 = tf.nn.relu(h_conv2)
        h_pool2 = max_pool_2x2(h_2)
        add_to_regularization_loss(weights['wc2'], biases['bc2'])

    with tf.name_scope("fc_1") as scope:
        prob=0.5
        image_size = IMAGE_SIZE / 4
        h_flat = tf.reshape(h_pool2, [-1, image_size * image_size * 64])
        tf.summary.histogram("W_fc1", weights['wf1'])
        tf.summary.histogram("b_fc1", biases['bf1'])
        h_fc1 = tf.nn.relu(tf.matmul\
                       (h_flat, weights['wf1']) + biases['bf1'])
```

```
        h_fc1_dropout = tf.nn.dropout(h_fc1, prob)

    with tf.name_scope("fc_2") as scope:
        tf.summary.histogram("W_fc2", weights['wf2'])
        tf.summary.histogram("b_fc2", biases['bf2'])
        pred = tf.matmul(h_fc1_dropout, weights['wf2']) + biases['bf2']
    return pred
```

然后定义一个main函数，在其中定义数据集、输入输出占位符变量，以及用于启动训练步骤的主会话：

```
def main(argv=None):
```

该函数的第一个操作是载入训练和验证数据。我们会利用训练数据"教"分类器如何识别待预测标签，然后使用验证集预估分类器的性能：

```
train_images,\
            train_labels,\
            valid_images,\
            valid_labels,\
            test_images =\
            EmotionDetectorUtils.read_data(FLAGS.data_dir)
print "Train size: %s" % train_images.shape[0]
print 'Validation size: %s' % valid_images.shape[0]
print "Test size: %s" % test_images.shape[0]
```

为输入图像定义占位符变量，这样就能改变TensorFlow图中的输入图像。数据类型被设置为float32，形状为[None, IMG_SIZE, IMAGE_SIZE, 1]。其中，None表示该张量中可以载入任意数量的图像，每个图像高为img_size像素，宽为img_size像素，颜色通道数为1：

```
input_dataset = tf.placeholder(tf.float32,\
                              [None,\
                               IMAGE_SIZE,\
                               IMAGE_SIZE, 1],name="input")
```

接着，为输入input_dataset中的图像的真实标签定义占位符变量。该占位符变量的形状为[None, NUM_LABELS]，表示该变量可以包含任意数量的标签，每个标签为长度NUM_LABELS的向量。本例中，NUM_LABELS的值为7：

```
input_labels = tf.placeholder(tf.float32,\
                              [None, NUM_LABELS])
```

global_step变量追踪当前已进行的优化迭代次数。我们希望将该变量与其他TensorFlow变量一起存入检查点。注意，此处的trainable=False意为TensorFlow不会试图优化该变量：

```
global_step = tf.Variable(0, trainable=False)
```

下面的dropout_prob变量用于dropout优化：

```
dropout_prob = tf.placeholder(tf.float32)
```

现在，编写网络的测试阶段代码。emotion_cnn()函数返回网络对input_dataset变量的预测结果，即pred类标签：

```
pred = emotion_cnn(input_dataset)
```

output_pred变量为预测结果，用于网络的测试和验证。我们会在运行的会话中计算这一变量：

```
output_pred = tf.nn.softmax(pred,name="output")
```

loss_val变量为预测的类（pred）和输入图像的真实类（input_labels）之间的误差：

```
loss_val = loss(pred, input_labels)
```

train_op变量定义了用于最小化cost函数的优化器。本例中仍然使用AdamOptimizer：

```
train_op = tf.train.AdamOptimizer\
                (LEARNING_RATE).minimize\
                        (loss_val, global_step)
```

另外，定义summary_op，用于TensorBoard可视化：

```
summary_op = tf.merge_all_summaries()
```

计算图建立后，需要创建一个TensorFlow会话以执行该图：

```
with tf.Session() as sess:
        sess.run(tf.global_variables_initializer())
summary_writer = tf.summary.FileWriter(FLAGS.logs_dir, sess.graph_def)
```

定义saver变量，以存储该模型：

```
saver = tf.train.Saver()
ckpt = tf.train.get_checkpoint_state(FLAGS.logs_dir)
if ckpt and ckpt.model_checkpoint_path:
    saver.restore(sess, ckpt.model_checkpoint_path)
    print "Model Restored!"
```

接下来，我们取一批训练样本。现在，batch_image中保存的是一批图像，而batch_label中是这批图像对应的真实标签：

```
for step in xrange(MAX_ITERATIONS):
    batch_image, batch_label = get_next_batch(train_images,\
                                              train_labels,\
                                              step)
```

将这批样本放入一个dict变量，并为TensorFlow图中的占位符变量取合适的变量名：

```
feed_dict = {input_dataset: batch_image,\
             input_labels: batch_label}
```

使用这批训练数据运行该优化器。TensorFlow将feed_dict_train中的变量赋值给占位符变量，然后运行该优化器：

```
sess.run(train_op, feed_dict=feed_dict)
if step % 10 == 0:
    train_loss,\
                summary_str =\
                    sess.run([loss_val,summary_op],\
                                    feed_dict=feed_dict)
    summary_writer.add_summary(summary_str,\
                               global_step=step)
    print "Training Loss: %f" % train_loss
```

当运行步数为100的倍数时，我们在验证集上验证训练出的模型：

```
if step % 100 == 0:
    valid_loss =\
                sess.run(loss_val,\
                        feed_dict={input_dataset:\
                                    valid_images,\
                                        input_labels:\
                                        valid_labels})
```

打印Loss值：

```
print "%s Validation Loss: %f"\
    % (datetime.now(), valid_loss)
```

在训练会话的最后保存模型：

```
                saver.save(sess, FLAGS.logs_dir\
                           + 'model.ckpt',\
                           global_step=step)
   if __name__ == "__main__":
```

现在给出结果输出。可以看到，在以下模拟过程中，损失函数的值不断减小：

```
>>>
Train size: 3761
Validation size: 417
Test size: 1312
2016-11-05 22:39:36.645682 Validation Loss: 1.962719
2016-11-05 22:42:58.951699 Validation Loss: 1.822431
2016-11-05 22:46:55.144483 Validation Loss: 1.335237
2016-11-05 22:50:17.677074 Validation Loss: 1.111559
2016-11-05 22:53:30.999141 Validation Loss: 0.999061
2016-11-05 22:56:53.256991 Validation Loss: 0.931223
2016-11-05 23:00:06.530139 Validation Loss: 0.911489
2016-11-05 23:03:15.351156 Validation Loss: 0.818303
2016-11-05 23:06:26.575298 Validation Loss: 0.824178
2016-11-05 23:09:40.136353 Validation Loss: 0.803449
2016-11-05 23:12:50.769527 Validation Loss: 0.851074
>>>
```

另外，还可以通过调整超参数的设置或改变网络架构来改善模型性能。在下一节中，我们可以看到如何在你的图像上有效测试该模型。

4.4.1　表情分类器源代码

下面给出上面实现的表情分类器的完整源代码：

```
import tensorflow as tf
import numpy as np
import os, sys, inspect
from datetime import datetime
import EmotionDetectorUtils

FLAGS = tf.flags.FLAGS
tf.flags.DEFINE_string("data_dir", "EmotionDetector/", "Path to data files")

tf.flags.DEFINE_string("logs_dir", "logs/EmotionDetector_logs/", "Path to where log
files are to be saved")
tf.flags.DEFINE_string("mode", "train", "mode: train (Default)/ test")

BATCH_SIZE = 128
LEARNING_RATE = 1e-3
MAX_ITERATIONS = 1001
REGULARIZATION = 1e-2
IMAGE_SIZE = 48
NUM_LABELS = 7
VALIDATION_PERCENT = 0.1

def add_to_regularization_loss(W, b):
    tf.add_to_collection("losses", tf.nn.l2_loss(W))
    tf.add_to_collection("losses", tf.nn.l2_loss(b))

def weight_variable(shape, stddev=0.02, name=None):
    initial = tf.truncated_normal(shape, stddev=stddev)
    if name is None:
        return tf.Variable(initial)
    else:
        return tf.get_variable(name, initializer=initial)

def bias_variable(shape, name=None):
    initial = tf.constant(0.0, shape=shape)
    if name is None:
        return tf.Variable(initial)
    else:
        return tf.get_variable(name, initializer=initial)

def conv2d_basic(x, W, bias):
    conv = tf.nn.conv2d(x, W, strides=[1, 1, 1, 1], padding="SAME")
    return tf.nn.bias_add(conv, bias)

def max_pool_2x2(x):
    return tf.nn.max_pool(x, ksize=[1, 2, 2, 1],\
                          strides=[1, 2, 2, 1], padding="SAME")
```

```
def emotion_cnn(dataset):
    with tf.name_scope("conv1") as scope:
        tf.summary.histogram("W_conv1", weights['wc1'])
        tf.summary.histogram("b_conv1", biases['bc1'])
        conv_1 = tf.nn.conv2d(dataset, weights['wc1'],\
                                strides=[1, 1, 1, 1], padding="SAME")
        h_conv1 = tf.nn.bias_add(conv_1, biases['bc1'])
        h_1 = tf.nn.relu(h_conv1)
        h_pool1 = max_pool_2x2(h_1)
        add_to_regularization_loss(weights['wc1'], biases['bc1'])
    with tf.name_scope("conv2") as scope:
        tf.summary.histogram("W_conv2", weights['wc2'])
        tf.summary.histogram("b_conv2", biases['bc2'])
        conv_2 = tf.nn.conv2d(h_pool1, weights['wc2'],\
                                strides=[1, 1, 1, 1], padding="SAME")
        h_conv2 = tf.nn.bias_add(conv_2, biases['bc2'])
        # h_conv2 = conv2d_basic(h_pool1, weights['wc2'], biases['bc2'])
        h_2 = tf.nn.relu(h_conv2)
        h_pool2 = max_pool_2x2(h_2)
        add_to_regularization_loss(weights['wc2'], biases['bc2'])

    with tf.name_scope("fc_1") as scope:
        prob=0.5
        image_size = IMAGE_SIZE / 4
        h_flat = tf.reshape(h_pool2, [-1, image_size * image_size * 64])
        tf.summary.histogram("W_fc1", weights['wf1'])
        tf.summary.histogram("b_fc1", biases['bf1'])
        h_fc1 = tf.nn.relu(tf.matmul(h_flat, weights['wf1']) +\
                                biases['bf1'])
        h_fc1_dropout = tf.nn.dropout(h_fc1, prob)

    with tf.name_scope("fc_2") as scope:
        tf.summary.histogram("W_fc2", weights['wf2'])
        tf.summary.histogram("b_fc2", biases['bf2'])
        # pred = tf.matmul(h_fc1, weights['wf2']) + biases['bf2']
        pred = tf.matmul(h_fc1_dropout, weights['wf2']) + biases['bf2']

    return pred

weights = {\
    'wc1': weight_variable([5, 5, 1, 32], name="W_conv1"),
    'wc2': weight_variable([3, 3, 32, 64],name="W_conv2"),
    'wf1': weight_variable([(IMAGE_SIZE / 4) *\
                        (IMAGE_SIZE / 4) * 64, 256],name="W_fc1"),
    'wf2': weight_variable([256, NUM_LABELS], name="W_fc2")
}

biases = {
    'bc1': bias_variable([32], name="b_conv1"),
    'bc2': bias_variable([64], name="b_conv2"),
    'bf1': bias_variable([256], name="b_fc1"),
    'bf2': bias_variable([NUM_LABELS], name="b_fc2")
}

def loss(pred, label):
```

```
cross_entropy_loss =\
tf.reduce_mean(tf.nn.softmax_cross_entropy_with_logits(logits=pred,
labels=label))
    tf.summary.scalar('Entropy', cross_entropy_loss)
    reg_losses = tf.add_n(tf.get_collection("losses"))
    tf.scalar_summary('Reg_loss', reg_losses)
    return cross_entropy_loss + REGULARIZATION * reg_losses

def train(loss, step):
    return tf.train.AdamOptimizer(LEARNING_RATE).\
                                   minimize(loss, global_step=step)

def get_next_batch(images, labels, step):
    offset = (step * BATCH_SIZE) % (images.shape[0] - BATCH_SIZE)
    batch_images = images[offset: offset + BATCH_SIZE]
    batch_labels = labels[offset:offset + BATCH_SIZE]
    return batch_images, batch_labels

def main(argv=None):
    train_images,\
    train_labels,\
    valid_images,\
    valid_labels,\
    test_images =\
        EmotionDetectorUtils.read_data(FLAGS.data_dir)
    print "Train size: %s" % train_images.shape[0]
    print 'Validation size: %s' % valid_images.shape[0]
    print "Test size: %s" % test_images.shape[0]

    global_step = tf.Variable(0, trainable=False)
    dropout_prob = tf.placeholder(tf.float32)
    input_dataset = tf.placeholder(tf.float32,\
                                   [None,\
                                   IMAGE_SIZE,\
                                   IMAGE_SIZE, 1],name="input")
    input_labels = tf.placeholder(tf.float32,\
                                   [None, NUM_LABELS])

    pred = emotion_cnn(input_dataset)
    output_pred = tf.nn.softmax(pred,name="output")
    loss_val = loss(pred, input_labels)
    train_op = train(loss_val, global_step)
    summary_op = tf.summary.merge_all()
    with tf.Session() as sess:
        sess.run(tf.global_variables_initializer())
        summary_writer = tf.summary.FileWriter(FLAGS.logs_dir,\
                             sess.graph_def)
        saver = tf.train.Saver()
        ckpt = tf.train.get_checkpoint_state(FLAGS.logs_dir)
        if ckpt and ckpt.model_checkpoint_path:
            saver.restore(sess, ckpt.model_checkpoint_path)
            print "Model Restored!"

        for step in xrange(MAX_ITERATIONS):
            batch_image, batch_label = get_next_batch(train_images,\
```

```
                                                     train_labels,\
                                                     step)
            feed_dict = {input_dataset: batch_image,\
                         input_labels: batch_label}

            sess.run(train_op, feed_dict=feed_dict)
            if step % 10 == 0:
                train_loss, summary_str = sess.run([loss_val,\
                                                    summary_op],\
                                                    feed_dict=feed_dict)
                summary_writer.add_summary(summary_str,\
                                           global_step=step)
                print "Training Loss: %f" % train_loss

            if step % 100 == 0:
                valid_loss = sess.run(loss_val,\
                                      feed_dict={input_dataset:\
                                                 valid_images,\
                                                 input_labels:\
                                                 valid_labels})
                print "%s Validation Loss: %f"\
                    % (datetime.now(), valid_loss)
                saver.save(sess, FLAGS.logs_dir\
                           + 'model.ckpt',\
                           global_step=step)

if __name__ == "__main__":
    tf.app.run()
```

4.4.2 使用自己的图像测试模型

我们前面使用的数据集是标准数据集。所有人脸都正对摄像机，且表情比较夸张，有些甚至很滑稽。下面看看如果使用更自然的图片，情况会怎样。首先，我们需要确定图片上的人脸没有被文字覆盖，表情可以辨认，且人脸的大部分是对焦到相机的。

我首先使用了图4-13这个.jpg图片（这是一个彩色图像，你可以从本书代码仓库下载）。

图4-13 用于测试的输入图像

使用matplotlib和其他NumPy Python库，将这张彩色输入图像转化为对该网络合法的输入，即灰度图像：

```
img = mpimg.imread('author_image.jpg')
gray = rgb2gray(img)
```

转换函数为：

```
def rgb2gray(rgb):
    return np.dot(rgb[...,:3], [0.299, 0.587, 0.114])
```

其结果如图4-14所示。

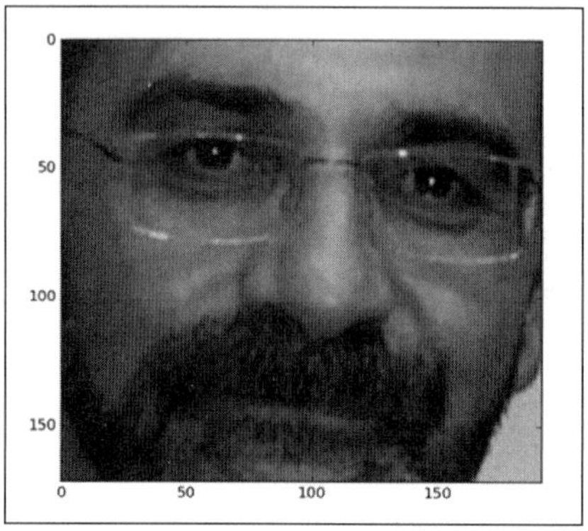

图4-14　转换后的灰度输入图像

最后，可以将这张图像馈给我们的网络。但首先要定义一个TensorFlow运行会话：

```
sess = tf.InteractiveSession()
```

然后，可以重新调用之前保存的模型：

```
new_saver = tf.train.
                import_meta_graph('logs/model.ckpt-1000.meta')
new_saver.restore(sess, 'logs/model.ckpt-1000')
tf.get_default_graph().as_graph_def()
x = sess.graph.get_tensor_by_name("input:0")
y_conv = sess.graph.get_tensor_by_name("output:0")
```

要测试一幅图像，必须将其变形为48 × 48 × 1大小的网络合法输入：

```
image_test = np.resize(gray,(1,48,48,1))
```

我们多次（1000次）评估同一张图片，以建立该输入图片属于各个表情的概率百分数值：

```
tResult = testResult()
num_evaluations = 1000
for i in range(0,num_evaluations):
    result = sess.run(y_conv, feed_dict={x:image_test})
```

```
    label = sess.run(tf.argmax(result, 1))
    label = label[0]
    label = int(label)
    tResult.evaluate(label)

tResult.display_result(num_evaluations)
```

几秒钟后，会出现下面这样的结果：

```
>>>
anger = 0.1%
disgust = 0.1%
fear = 29.1%
happy = 50.3%
sad = 0.1%
surprise = 20.0%
neutral = 0.3%
>>>
```


最大概率值（happy = 50.3%）确认了我们的路子是对的，但当然，这并不能说明我们的模型是准确的。若使用更大、更多样化的训练集，或者干预网络参数，或修改网络架构，可能能获得更好的结果。

4.4.3 源代码

我们实现的分类器的第二部分源代码如下：

```
from scipy import misc
import numpy as np
import matplotlib.cm as cm
import tensorflow as tf
from matplotlib import pyplot as plt
import matplotlib.image as mpimg
import EmotionDetectorUtils
from EmotionDetectorUtils import testResult

def rgb2gray(rgb):
    return np.dot(rgb[...,:3], [0.299, 0.587, 0.114])

img = mpimg.imread('author_image.jpg')
gray = rgb2gray(img)
plt.imshow(gray, cmap = plt.get_cmap('gray'))
plt.show()

sess = tf.InteractiveSession()
new_saver = tf.train.import_meta_graph('logs/model.ckpt-1000.meta')
new_saver.restore(sess, 'logs/model.ckpt-1000')
tf.get_default_graph().as_graph_def()
x = sess.graph.get_tensor_by_name("input:0")
y_conv = sess.graph.get_tensor_by_name("output:0")
```

```
image_test = np.resize(gray,(1,48,48,1))
tResult = testResult()
num_evaluations = 1000
for i in range(0,num_evaluations):
    result = sess.run(y_conv, feed_dict={x:image_test})
    label = sess.run(tf.argmax(result, 1))
    label = label[0]
    label = int(label)
    tResult.evaluate(label)

tResult.display_result(num_evaluations)
```

我们实现一个testResult Python类，以显示结果的百分比。该类被定义在EmotionDetectorUtils.py文件中。

下面给出该类的源代码：

```
class testResult:

    def __init__(self):
        self.anger = 0
        self.disgust = 0
        self.fear = 0
        self.happy = 0
        self.sad = 0
        self.surprise = 0
        self.neutral = 0

    def evaluate(self,label):
        if (0 == label):
            self.anger = self.anger+1
        if (1 == label):
            self.disgust = self.disgust+1
        if (2 == label):
            self.fear = self.fear+1
        if (3 == label):
            self.happy = self.happy+1
        if (4 == label):
            self.sad = self.sad+1
        if (5 == label):
            self.surprise = self.surprise+1
        if (6 == label):
            self.neutral = self.neutral+1

    def display_result(self,evaluations):
        print("anger = " +\
            str((self.anger/float(evaluations))*100) + "%")
        print("disgust = " +\
            str((self.disgust/float(evaluations))*100) + "%")
        print("fear = " +\
            str((self.fear/float(evaluations))*100) + "%")
        print("happy = " +\
            str((self.happy/float(evaluations))*100) + "%")
```

```
        print("sad = " +\
            str((self.sad/float(evaluations))*100) + "%")
        print("surprise = " +\
            str((self.surprise/float(evaluations))*100) + "%")
        print("neutral = " +\
            str((self.neutral/float(evaluations))*100) + "%")
```

4.5 小结

本章介绍了**卷积神经网络**。

我们看到了这种结构的网络为什么称为CNN，并了解到这种网络尤其适合图像分类问题，其训练速度更快，结果更准确。

我们实现了一个图像分类器，并在MNIST数据集上对其进行测试，实现了99%的分类准确率。

最后构建了一个CNN，用来从图像数据集中对表情进行分类。我们在一张图片上测试了该网络，并评价了模型的优点和局限。

下一章将介绍自编码器。这种算法在维度约减、分类、回归、协同过滤、特征学习和主题建模等问题上十分有用。我们将使用自编码器进行进一步的数据分析，并在图像数据集上评估分类性能。

第5章

优化TensorFlow自编码器

所有监督学习都面临着一个巨大问题：维度灾难，即随着输入空间维度的增加，模型的性能逐渐变差。这是因为随着维度的增加，从输入中获得足够信息所需的样本呈指数级增加。为克服这一问题，出现了一些优化网络。

第一种优化网络是**自编码器**网络。这种网络的设计和训练目的在于，转换自身输入模式，使得给出降级的或不完整的输入模式时，可以还原出原本的模式。其输出要尽可能复现输入；其隐藏层存储了压缩的数据，即数据的一个致密表示，其中包含输入数据的最基本特征。

第二种优化网络是**玻尔兹曼机**。这种网络包含一个输入/输出可见层和一个隐藏层。可见层与隐藏层之间的连接是无向的：数据可以在可见层–隐藏层和隐藏层–可见层两个方向游动，且不同的神经单元可以全连接或部分连接。

和自编码器类似的还有**主成分分析**。主成分分析用更少的维度表示给定输入。本章仅讨论自编码器。

本章讨论的主题如下：

- 自编码器简介
- 实现一个自编码器
- 增强自编码器的鲁棒性
- 构建去噪自编码器
- 卷积自编码器

5.1 自编码器简介

自编码器网络含有3个或3个以上网络层，其输入和输出层含有相同数量的神经元，而中间（隐藏）层的神经元数量较少。网络被训练用来重现输入，即输出与输入相同的模式。

该问题的重要意义在于，由于隐藏层的神经元数量较少，所以如果网络可以从样本中学习并可以在一定程度上泛化，那么该网络就可以对数据进行压缩：隐藏神经元的状态为每个样本提供了输入/输出的一个压缩版本。

这种网络的第一个例子出现在20世纪80年代，人们通过这种方式压缩了一张简单的图片。这种方法生成的结果与标准数据压缩方法差距不大，但更加复杂。

最近，自编码器再次受到关注，因为一些作者设计了一种有效策略，能够改善这种网络的学习过程（通常学习过程会非常慢且未必有效）。这种策略通过网络预学习产生一个较好的权重初始状态，然后用这个初值进行正式学习。

> 详情请见杰弗里·辛顿和鲁斯兰·萨拉赫丁诺夫的论文：Reducing the Dimensionality of Data with Neural Networks（2006）。地址为https://www.cs.toronto.edu/~hinton/science.pdf。

自编码器的几个有用的应用包括数据去噪和用于数据可视化的维度约减等。

图5-1展示了一个自编码器的典型工作模式。它用两个阶段重建接收到的输入数据：编码阶段，对应对原始输入的降维；解码阶段，即从被编码（压缩）的数据中重建原始输入。

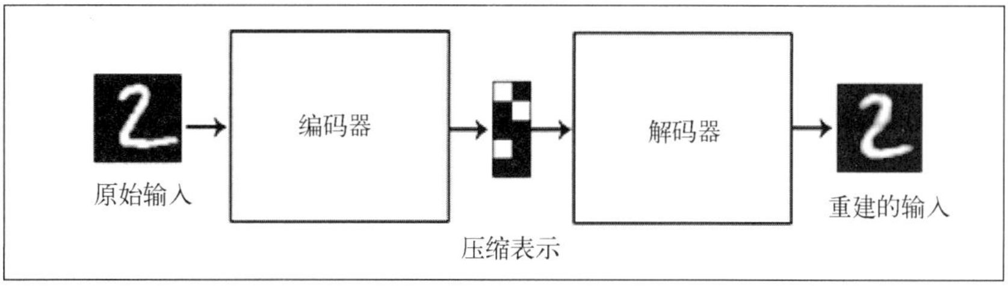

图5-1 自编码器中的编码和解码阶段

5.2 实现一个自编码器

训练一个自编码器的过程基本上很简单。它只是一个输出和输入相同的神经网络。自编码器的基本架构如下。

首先有一个输入层，紧接着有几个隐藏层，然后在一定的深度之后，隐藏层会变成相反的架构，直到我们达到一点，使得最后一层和输入层相同。将数据传入该网络，希望学习网络参数。

本例使用MNIST数据集中的图像。首先导入所有主要库函数：

```
import tensorflow as tf
import numpy as np
import matplotlib.pyplot as plt
import mnist_data
```

然后准备MNIST数据集。使用input_data函数载入并设置数据：

```
from tensorflow.examples.tutorials.mnist import input_data
mnist = input_data.read_data_sets("MNIST_data/",one_hot=True)
```

接着设置网络参数：

```
learning_rate = 0.01
training_epochs = 10
batch_size = 256
display_step = 1
examples_to_show = 4
```

隐藏特征的大小如下：

```
n_hidden_1 = 256
n_hidden_2 = 128
```

输入图像的大小如下：

```
n_input = 784
```

最终的大小为$28 \times 28 = 784$像素。

我们要为输入图像定义占位符变量。该张量的数据类型设置为`float`，形状为`[None, n_input]`。`None`参数表示该张量中可以载入任意数量的图像：

```
X = tf.placeholder("float", [None, n_input])
```

然后，定义该网络的权重和偏差。权重数据结构包含编码器和解码器的权重定义。注意，权重的初值用`tf.random_normal`选取，该函数返回服从正态分布的随机值：

```
weights = {
    'encoder_h1': tf.Variable\
    (tf.random_normal([n_input, n_hidden_1])),
    'encoder_h2': tf.Variable\
    (tf.random_normal([n_hidden_1, n_hidden_2])),
    'decoder_h1': tf.Variable\
    (tf.random_normal([n_hidden_2, n_hidden_1])),
    'decoder_h2': tf.Variable\
    (tf.random_normal([n_hidden_1, n_input])),
}
```

与之类似，定义网络偏差：

```
biases = {
'encoder_b1': tf.Variable\
    (tf.random_normal([n_hidden_1])),
    'encoder_b2': tf.Variable\
    (tf.random_normal([n_hidden_2])),
    'decoder_b1': tf.Variable\
    (tf.random_normal([n_hidden_1])),
    'decoder_b2': tf.Variable\
    (tf.random_normal([n_input])),
}
```

将网络模型分为两个互补的、全连接的网络：一个编码器和一个解码器。

编码器负责编码数据。它从MNIST数据集载入一个输入图像x，然后对其进行编码：

```
encoder_in = tf.nn.sigmoid(tf.add\
                            (tf.matmul(X,\
                                        weights['encoder_h1']),\
                            biases['encoder_b1']))
```

数据编码只是一个简单的矩阵乘法操作。输入数据x原本的维度为784，进行矩阵乘法后，被降低至256：

```
(W*x + b) = encoder_in
```

此处W是权重张量encoder_h1，b为偏差张量encoder_b1。

通过这种操作，将输入图像编码为自编码器的一个有用输入。编码的第二步就是数据的压缩。

由输入张量encoder_in表示的数据通过第二次矩阵乘法被降维到更小的大小：

```
encoder_out = tf.nn.sigmoid(tf.add\
                            (tf.matmul(encoder_in,\
                                        weights['encoder_h2']),\
                            biases['encoder_b2']))
```

输入数据encoder_in的维度原本为256，现在被压缩至128：

```
(W * encoder_in + b) = encoder_out
```

此处W代表权重张量encoder_h2，b代表偏差张量encoder_b2。

注意，编码阶段使用的激活函数为sigmoid函数。

解码器进行的操作和编码器相反。它将输入数据解压缩，以获得和网络输入大小相同的输出。该过程的第一个步骤是将大小为128的encoder_out张量转换为中间表示的张量，大小为256：

```
decoder_in = tf.nn.sigmoid(tf.add
                            (tf.matmul(encoder_out,\
                                        weights['decoder_h1']),\
                            biases['decoder_b1']))
```

上述代码用公式表示如下：

```
(W * encoder_out + b) = decoder_in
```

此处W表示权重张量decoder_h1，大小为256×128。b代表偏差张量decoder_b1，大小为256。

解码的最后一步是从中间表示（大小为256）中解压缩数据，生成最终的表示（大小为784）。你应该可以想起，这就是原始输入数据的大小：

```
decoder_out = tf.nn.sigmoid(tf.add \
                    (tf.matmul(decoder_in,\
                            weights['decoder_h2']),\
                    biases['decoder_b2']))
```

y_pred参数被设置为和decoder_out相等：

```
y_pred = decoder_out
```

如果输入数据X和被解码的数据相等，网络将会进行学习。因此，我们有如下定义：

```
y_true = X
```

自编码器的关键是生成一个约减矩阵，使其能够重建原始数据。因此，需要最小化cost代价函数。然后，定义cost函数为y_true和y_pred之间的均方误差：

```
cost = tf.reduce_mean(tf.pow(y_true - y_pred, 2))
```

为优化cost函数，使用下述RMSPropOptimizer类：

```
optimizer = tf.train.RMSPropOptimizer(learning_rate).minimize(cost)
```

然后准备创建会话：

```
init = tf.global_variables_initializer()
with tf.Session() as sess:
    sess.run(init)
```

设置批图像的大小，以训练该网络：

```
total_batch = int(mnist.train.num_examples/batch_size)
```

开始训练循环（训练的时期数training_epochs被设置为10）：

```
for epoch in range(training_epochs):
```

在每个批内都进行循环：

```
for i in range(total_batch):
    batch_xs, batch_ys =\
            mnist.train.next_batch(batch_size)
```

运行优化步骤，将批数据集batch_xs馈给执行图：

```
_, c = sess.run([optimizer, cost],\
            feed_dict={X: batch_xs})
```

显示每个训练时期的结果：

```
    if epoch % display_step == 0:
        print("Epoch:", '%04d' % (epoch+1),\
            "cost=", "{:.9f}".format(c))
print("Optimization Finished!")
```

最后运行编码和解码步骤，以测试该模型。将图像的一个子集馈给模型。此处example_to_show的值被设置为4：

```
encode_decode = sess.run(y_pred, feed_dict=\
  {X: mnist.test.images[:examples_to_show]})
```

使用matplotlib中的功能，比较原始图像与重构的图像：

```
f, a = plt.subplots(2, 4, figsize=(10, 5))
for i in range(examples_to_show):
    a[0][i].imshow(np.reshape(mnist.test.images[i], (28, 28)))
    a[1][i].imshow(np.reshape(encode_decode[i], (28, 28)))
f.show()
plt.draw()
plt.show()
```

运行会话，应该得到以下输出：

```
Extracting MNIST_data/train-images-idx3-ubyte.gz
Extracting MNIST_data/train-labels-idx1-ubyte.gz
Extracting MNIST_data/t10k-images-idx3-ubyte.gz
Extracting MNIST_data/t10k-labels-idx1-ubyte.gz
('Epoch:', '0001', 'cost=', '0.196781039')
('Epoch:', '0002', 'cost=', '0.157454371')
('Epoch:', '0003', 'cost=', '0.139842913')
('Epoch:', '0004', 'cost=', '0.132784918')
('Epoch:', '0005', 'cost=', '0.123214975')
('Epoch:', '0006', 'cost=', '0.117614307')
('Epoch:', '0007', 'cost=', '0.111050725')
('Epoch:', '0008', 'cost=', '0.111332968')
('Epoch:', '0009', 'cost=', '0.107702859')
('Epoch:', '0010', 'cost=', '0.106899358')
Optimization Finished!
```

然后显示结果，第一行为原始图像，第二行为解码图像，如图5-2所示。

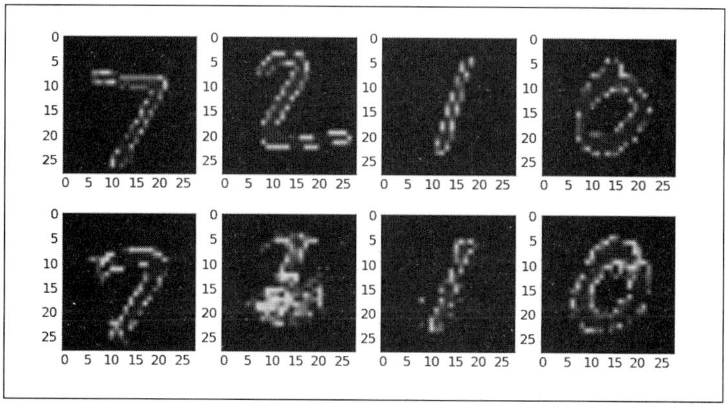

图5-2 原始和解码图像

可以看到，数字2和原始图像不同（看起来更像数字3）。可以通过增加训练时期或改变网络参数来改善模型输出。

自编码器源代码

以下是上面实现的自编码器的完整源代码：

```
import tensorflow as tf
import numpy as np
import matplotlib.pyplot as plt
from tensorflow.examples.tutorials.mnist import input_data
mnist = input_data.read_data_sets("MNIST_data/", one_hot=True)
mnist = mnist_data.read_data_sets("data/")
learning_rate = 0.01
training_epochs = 10
batch_size = 256
display_step = 1
examples_to_show = 10
n_hidden_1 = 256 # 1st layer num features
n_hidden_2 = 128 # 2nd layer num features
n_input = 784 # MNIST data input (img shape: 28*28)
X = tf.placeholder("float", [None, n_input])
weights = {
    'encoder_h1': tf.Variable\
    (tf.random_normal([n_input, n_hidden_1])),
    'encoder_h2': tf.Variable\
    (tf.random_normal([n_hidden_1, n_hidden_2])),
    'decoder_h1': tf.Variable\
    (tf.random_normal([n_hidden_2, n_hidden_1])),
    'decoder_h2': tf.Variable\
    (tf.random_normal([n_hidden_1, n_input])),
}
biases = {
    'encoder_b1': tf.Variable\
    (tf.random_normal([n_hidden_1])),
    'encoder_b2': tf.Variable\
    (tf.random_normal([n_hidden_2])),
    'decoder_b1': tf.Variable\
    (tf.random_normal([n_hidden_1])),
    'decoder_b2': tf.Variable\
    (tf.random_normal([n_input])),
}
encoder_in = tf.nn.sigmoid(tf.add\
                            (tf.matmul(X,\
                                        weights['encoder_h1']),\
                            biases['encoder_b1']))
encoder_out = tf.nn.sigmoid(tf.add\
                            (tf.matmul(encoder_in,\
                                        weights['encoder_h2']),\
                            biases['encoder_b2']))
decoder_in = tf.nn.sigmoid(tf.add\
```

```
                                    (tf.matmul(encoder_out,\
                                               weights['decoder_h1']),\
                                    biases['decoder_b1']))
decoder_out = tf.nn.sigmoid(tf.add\
                                    (tf.matmul(decoder_in,\
                                               weights['decoder_h2']),\
                                    biases['decoder_b2']))
y_pred = decoder_out
y_true = X
cost = tf.reduce_mean(tf.pow(y_true - y_pred, 2))
optimizer = tf.train.RMSPropOptimizer(learning_rate).minimize(cost)
init = tf.initialize_all_variables()
with tf.Session() as sess:
    sess.run(init)
    total_batch = int(mnist.train.num_examples/batch_size)

    for epoch in range(training_epochs):
        for i in range(total_batch):
            batch_xs, batch_ys =\
                        mnist.train.next_batch(batch_size)
            _, c = sess.run([optimizer, cost],\
                            feed_dict={X: batch_xs})

        if epoch % display_step == 0:
            print("Epoch:", '%04d' % (epoch+1),\
                    "cost=", "{:.9f}".format(c))
    print("Optimization Finished!")
    encode_decode = sess.run(
        y_pred, feed_dict=\
        {X: mnist.test.images[:examples_to_show]})

    f, a = plt.subplots(2, 4, figsize=(10, 5))
    for i in range(examples_to_show):
        a[0][i].imshow(np.reshape(mnist.test.images[i], (28, 28)))
        a[1][i].imshow(np.reshape(encode_decode[i], (28, 28)))
    f.show()
    plt.draw()
    plt.show()
```

5.3 增强自编码器的鲁棒性

增强自编码器鲁棒性的一个成功方法是，在编码阶段引入噪声。实际上，我们将去噪自编码器称为“随机版本的自编码器”，其中的输入是随机损坏的，而生成同一个输入的未损坏版本是解码阶段的目标。

直观地说，一个去噪自编码器要完成两个任务：第一，对输入编码并保留主要信息；第二，降低甚至避免损坏输入的影响。

接下来，展示一个去噪自编码器的实现。

5

5.4 构建去噪自编码器

该网络的架构十分简单。一个大小为784像素的输入图像被随机损坏，然后用一个编码网络层对其进行降维。降维步骤将图像从784约减到256像素。

在解码阶段，我们为网络输出做准备，将原始图像的大小从256再变回784。

像往常一样，先导入模型所需的库：

```
import numpy as np
import tensorflow as tf
import matplotlib.pyplot as plt
from tensorflow.examples.tutorials.mnist import input_data
```

设置基本的网络参数：

```
n_input    = 784
n_hidden_1 = 256
n_hidden_2 = 256
n_output   = 784
```

还需设置会话的参数：

```
epochs     = 110
batch_size = 100
disp_step  = 10
```

构建训练和测试集。再次从安装包中自带的tensorflow.examples.tutorials.mnist库导入input_data特征：

```
print ("PACKAGES LOADED")
mnist = input_data.read_data_sets('data/', one_hot=True)
trainimg = mnist.train.images
trainlabel = mnist.train.labels
testimg = mnist.test.images
testlabel = mnist.test.labels
print ("MNIST LOADED")
```

然后为输入图像定义占位符变量。数据类型被设置为float，形状为[None, n_input]。参数None表示该张量中可以载入任意数量的图像，其中每个图像的大小为n_input：

```
x = tf.placeholder("float", [None, n_input])
```

为减少过拟合，我们在编码及解码过程之前使用dropout操作。因此，必须为每个神经元的输出被保留的概率定义占位符变量：

```
dropout_keep_prob = tf.placeholder("float")
```

在这些定义的基础上，确定网络的权重和偏差：

```
weights = {
    'h1': tf.Variable(tf.random_normal([n_input, n_hidden_1])),
    'h2': tf.Variable(tf.random_normal([n_hidden_1, n_hidden_2])),
    'out': tf.Variable(tf.random_normal([n_hidden_2, n_output]))
}
biases = {
    'b1': tf.Variable(tf.random_normal([n_hidden_1])),
    'b2': tf.Variable(tf.random_normal([n_hidden_2])),
    'out': tf.Variable(tf.random_normal([n_output]))
}
```

权重和偏差由`tf.random_normal`选取。该函数返回服从正态分布的随机值。

编码阶段从MNIST数据集获取输入，然后进行数据压缩，也就是执行矩阵乘法操作：

```
encode_in = tf.nn.sigmoid\
            (tf.add(tf.matmul\
                    (x, weights['h1']),\
                    biases['b1']))
encode_out = tf.nn.dropout\
            (encode_in, dropout_keep_prob)
```

在解码阶段应用同样的步骤：

```
decode_in = tf.nn.sigmoid\
            (tf.add(tf.matmul\
                (encode_out, weights['h2']),\
                biases['b2']))
```

通过dropout过程减少过拟合现象：

```
decode_out = tf.nn.dropout(decode_in,\
                           dropout_keep_prob)
```

现在，创建预测张量`y_pred`：

```
y_pred = tf.nn.sigmoid\
        (tf.matmul(decode_out,\
                   weights['out']) +\
        biases['out'])
```

然后定义一个`cost`度量参数，以指导参数优化过程：

```
cost = tf.reduce_mean(tf.pow(y_pred - y, 2))
```

使用`RMSPropOptimizer`类，最小化`cost`函数：

```
optmizer = tf.train.RMSPropOptimizer(0.01).minimize(cost)
```

最后，初始化前面定义的变量：

```
init = tf.initialize_all_variables()
```

接下来，设置TensorFlow运行会话：

```
with tf.Session() as sess:
    sess.run(init)
    print ("Start Training")
    for epoch in range(epochs):
        num_batch = int(mnist.train.num_examples/batch_size)
        total_cost = 0.
        for i in range(num_batch):
```

在每个训练时期，从训练集中选择一小批数据集进行训练：

```
batch_xs, batch_ys =\
            mnist.train.next_batch(batch_size)
```

这里有一个关键点：使用前面引入的numpy包中的random函数，随机损坏batch_xs数据集。

```
batch_xs_noisy = batch_xs +\
                 0.3*np.random.randn(batch_size, 784)
```

将这些数据集馈给执行图，然后运行会话（sess.run）：

```
feeds = {x: batch_xs_noisy,\
        y: batch_xs,\
        dropout_keep_prob: 0.8}
sess.run(optmizer, feed_dict=feeds)
total_cost += sess.run(cost, feed_dict=feeds)
```

每过10个时期，程序会显示当前的平均代价值：

```
if epoch % disp_step == 0:
    print ("Epoch %02d/%02d average cost: %.6f"\
            % (epoch, epochs, total_cost/num_batch))
```

最后，开始测试训练出的模型：

```
print ("Start Test")
```

为测试该模型，随机从测试集中选取一个图像：

```
randidx   = np.random.randint\
                (testimg.shape[0], size=1)
orgvec    = testimg[randidx, :]
testvec   = testimg[randidx, :]
label     = np.argmax(testlabel[randidx, :], 1)
print ("Test label is %d" % (label))
noisyvec = testvec + 0.3*np.random.randn(1, 784)
```

然后，在选出的图像上运行训练出的模型：

```
outvec = sess.run(y_pred,feed_dict={x: noisyvec,\
                                    dropout_keep_prob: 1})
```

如你所见，下面的plotresult函数将会显示原始图像、噪声图像和预测图像：

```
plotresult(orgvec,noisyvec,outvec)
print ("restart Training")
```

运行会话，应该看到与下面类似的结果：

```
PACKAGES LOADED
Extracting data/train-images-idx3-ubyte.gz
Extracting data/train-labels-idx1-ubyte.gz
Extracting data/t10k-images-idx3-ubyte.gz
Extracting data/t10k-labels-idx1-ubyte.gz
MNIST LOADED
Start Training
```

为简洁起见，此处只给出10个和100个训练时期后的结果：

```
Epoch 00/100 average cost: 0.212313
Start Test
Test label is 6
```

图5-3是原始图像和噪声图像（如你所见，该数字为6）。

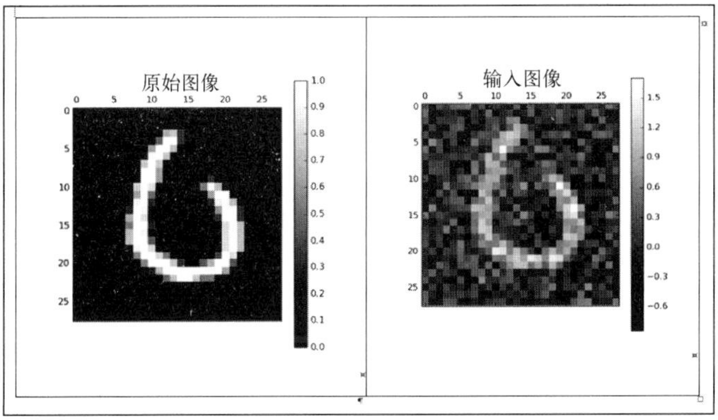

图5-3 原始和噪声图像

图5-4显示了一个重建效果比较差的图像。

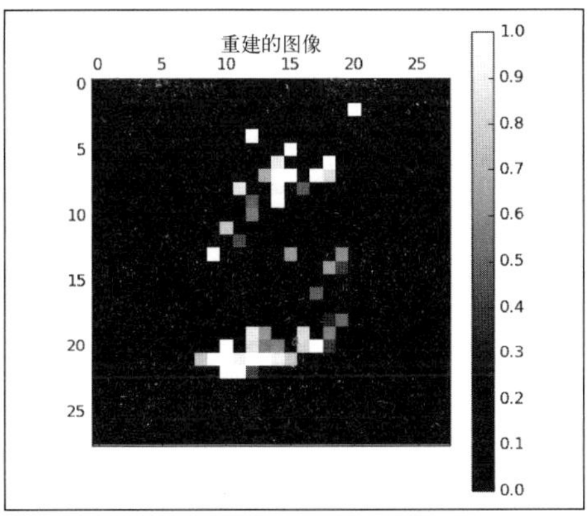

图5-4 重建的图像

在100个训练时期后，我们获得了一个更好的结果：

```
Epoch 100/100 average cost: 0.018221
Start Test
Test label is 9
```

同样，显示原始和噪声图像，如图5-5所示。

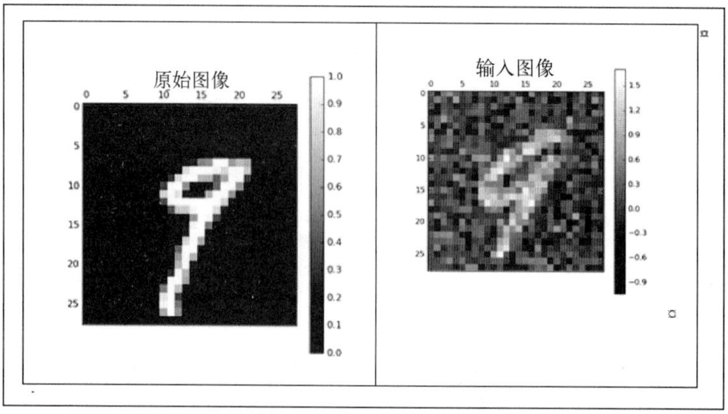

图5-5　原始和噪声图像

接下来是一个重建结果比较好的图像，如图5-6所示。

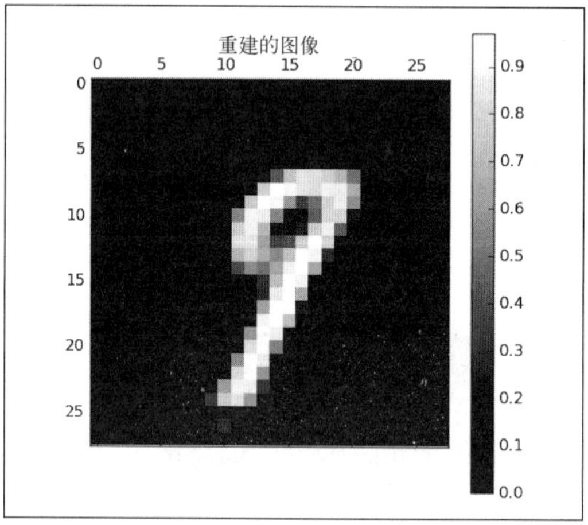

图5-6　重建的图像

去噪自编码器源代码

下面给出前面实现的自编码器的完整源代码：

```
import numpy as np
import tensorflow as tf
import matplotlib.pyplot as plt
from tensorflow.examples.tutorials.mnist import input_data
#Plot function
def plotresult(org_vec,noisy_vec,out_vec):
    plt.matshow(np.reshape(org_vec, (28, 28)),\
                cmap=plt.get_cmap('gray'))
    plt.title("Original Image")
    plt.colorbar()
    plt.matshow(np.reshape(noisy_vec, (28, 28)),\
                cmap=plt.get_cmap('gray'))
    plt.title("Input Image")
    plt.colorbar()

    outimg = np.reshape(out_vec, (28, 28))
    plt.matshow(outimg, cmap=plt.get_cmap('gray'))
    plt.title("Reconstructed Image")
    plt.colorbar()
    plt.show()

# NETOWORK PARAMETERS
n_input = 784
n_hidden_1 = 256
n_hidden_2 = 256
n_output = 784

epochs = 110
batch_size = 100
disp_step = 10

print ("PACKAGES LOADED")

mnist = input_data.read_data_sets('data/', one_hot=True)
trainimg = mnist.train.images
trainlabel = mnist.train.labels
testimg = mnist.test.images
testlabel = mnist.test.labels
print ("MNIST LOADED")

# PLACEHOLDERS
x = tf.placeholder("float", [None, n_input])
y = tf.placeholder("float", [None, n_output])
dropout_keep_prob = tf.placeholder("float")

# WEIGHTS
weights = {
    'h1': tf.Variable(tf.random_normal([n_input, n_hidden_1])),
    'h2': tf.Variable(tf.random_normal([n_hidden_1, n_hidden_2])),
    'out': tf.Variable(tf.random_normal([n_hidden_2, n_output]))
}
biases = {
    'b1': tf.Variable(tf.random_normal([n_hidden_1])),
    'b2': tf.Variable(tf.random_normal([n_hidden_2])),
```

```
    'out': tf.Variable(tf.random_normal([n_output]))
}

encode_in = tf.nn.sigmoid\
            (tf.add(tf.matmul\
                    (x, weights['h1']),\
                    biases['b1']))

encode_out = tf.nn.dropout\
             (encode_in, dropout_keep_prob)

decode_in = tf.nn.sigmoid\
            (tf.add(tf.matmul\
                    (encode_out, weights['h2']),\
                    biases['b2']))

decode_out = tf.nn.dropout(decode_in,\
                            dropout_keep_prob)

y_pred = tf.nn.sigmoid\
        (tf.matmul(decode_out,\
                    weights['out']) +\
        biases['out'])

# COST
cost = tf.reduce_mean(tf.pow(y_pred - y, 2))

# OPTIMIZER
optmizer = tf.train.RMSPropOptimizer(0.01).minimize(cost)

# INITIALIZER
init = tf.global_variables_initializer()

# Launch the graph
with tf.Session() as sess:
    sess.run(init)
    print ("Start Training")
    for epoch in range(epochs):
        num_batch = int(mnist.train.num_examples/batch_size)
        total_cost = 0.
        for i in range(num_batch):
            batch_xs, batch_ys = mnist.train.next_batch(batch_size)
            batch_xs_noisy = batch_xs\
                             + 0.3*np.random.randn(batch_size, 784)
            feeds = {x: batch_xs_noisy,\
                     y: batch_xs,\
                     dropout_keep_prob: 0.8}
            sess.run(optmizer, feed_dict=feeds)
            total_cost += sess.run(cost, feed_dict=feeds)

        # DISPLAY
        if epoch % disp_step == 0:
            print ("Epoch %02d/%02d average cost: %.6f"\
                   % (epoch, epochs, total_cost/num_batch))
```

```
# Test one
print ("Start Test")
randidx = np.random.randint\
            (testimg.shape[0], size=1)
orgvec = testimg[randidx, :]
testvec = testimg[randidx, :]
label = np.argmax(testlabel[randidx, :], 1)

print ("Test label is %d" % (label))
noisyvec = testvec + 0.3*np.random.randn(1, 784)
outvec = sess.run(y_pred,\
                    feed_dict={x: noisyvec,\
                                dropout_keep_prob: 1})

plotresult(orgvec,noisyvec,outvec)
print ("restart Training")
```

5.5 卷积自编码器

目前为止，我们看到的自编码器输入都是图像。因此，你不免要问，卷积架构能否比前面讨论的自编码器架构性能更好。

下面就开始分析卷积自编码器中编码器和解码器的工作方式。

5.5.1 编码器

编码器包含3个卷积层。特征的数量由输入数据的1，变为第一个卷积层的16，然后变为第二个卷积层的32，再变到最后一个卷积层的64。

从第一个卷积层向第二个卷积层转换时，图像的形状经历了压缩过程，如图5-7所示。

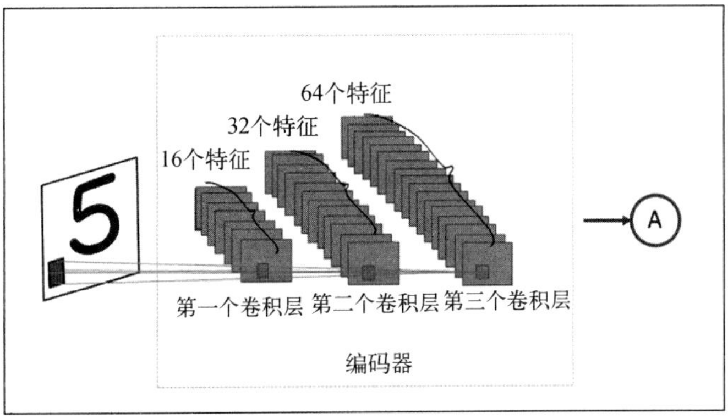

图5-7 编码阶段的数据流

5.5.2　解码器

解码器包括3个按顺序排列的反卷积层。对每个反卷积操作，我们减少特征数量，以获取与原始图像大小相同的图像。除了要减少特征数量，反卷积还会改变图像的形状，如图5-8所示。

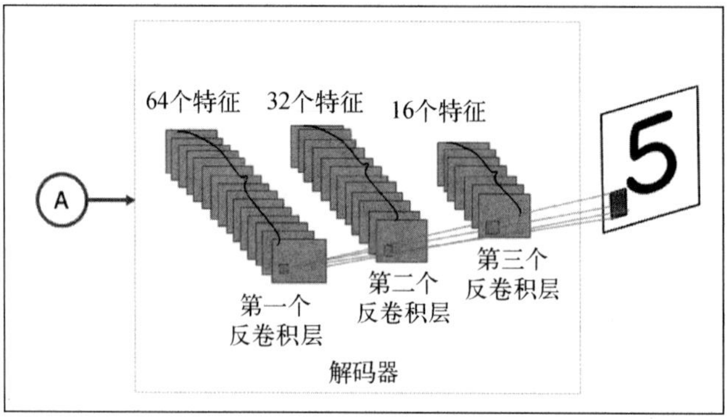

图5-8　解码阶段的数据流

现在，着手实现一个卷积自编码器。第一步是导入基本库：

```
import matplotlib.pyplot as plt
import numpy as np
import math
import tensorflow as tf
import tensorflow.examples.tutorials.mnist.input_data as input_data
```

然后创建训练和测试集：

```
mnist       = input_data.read_data_sets("data/", one_hot=True)
trainimgs   = mnist.train.images
trainlabels = mnist.train.labels
testimgs    = mnist.test.images
testlabels  = mnist.test.labels
ntrain      = trainimgs.shape[0]
ntest       = testimgs.shape[0]
dim         = trainimgs.shape[1]
nout        = trainlabels.shape[1]
```

为输入图像定义一个占位符变量：

```
x = tf.placeholder(tf.float32, [None, dim])
```

数据类型被设置为`float32`，形状为`[None, dim]`，其中`None`表示该张量中可以载入任意数量的图像，每个图像为长度为`dim`的向量。然后，为输出图像定义占位符变量。该变量的形状被设置为`[None, dim]`，和输入图像形状相同：

```
y = tf.placeholder(tf.float32, [None, dim])
```

然后定义keepprob变量，以设置神经网络训练过程中dropout的比例：

```
keepprob = tf.placeholder(tf.float32)
```

另外，还需要定义每个网络层的节点数量：

```
n1 = 16
n2 = 32
n3 = 64
ksize = 5
```

网络总共包含6个层。前三个层为用于编码的卷积层，后三个层为用于解码的反卷积层。

```
weights = {
    'ce1': tf.Variable(tf.random_normal\
                      ([ksize, ksize, 1, n1],stddev=0.1)),
    'ce2': tf.Variable(tf.random_normal\
                      ([ksize, ksize, n1, n2],stddev=0.1)),
    'ce3': tf.Variable(tf.random_normal\
                      ([ksize, ksize, n2, n3],stddev=0.1)),
    'cd3': tf.Variable(tf.random_normal
                      ([ksize, ksize, n2, n3],stddev=0.1)),
    'cd2': tf.Variable(tf.random_normal\
                      ([ksize, ksize, n1, n2],stddev=0.1)),
    'cd1': tf.Variable(tf.random_normal\
                      ([ksize, ksize, 1, n1],stddev=0.1))
}

biases = {
    'be1': tf.Variable\
    (tf.random_normal([n1], stddev=0.1)),
    'be2': tf.Variable\
    (tf.random_normal([n2], stddev=0.1)),
    'be3': tf.Variable\
    (tf.random_normal([n3], stddev=0.1)),
    'bd3': tf.Variable\
    (tf.random_normal([n2], stddev=0.1)),
    'bd2': tf.Variable\
    (tf.random_normal([n1], stddev=0.1)),
    'bd1': tf.Variable\
    (tf.random_normal([1], stddev=0.1))
}
```

下面的cae函数创建了卷积自编码器。传递的输入为图像_X、权重_W和偏差_b的数据结构，以及_keepprob参数：

```
def cae(_X, _W, _b, _keepprob):
```

最初的图像为784像素，必须变形为大小为28 × 28的矩阵，供下一个卷积层进行进一步处理：

```
_input_r = tf.reshape(_X, shape=[-1, 28, 28, 1])
```

第一个卷积层为_ce1，其输入为_input_r张量，代表输入图像：

```
_ce1 = tf.nn.sigmoid\
        (tf.add(tf.nn.conv2d\
                (_input_r, _W['ce1'],\
                strides=[1, 2, 2, 1],\
                padding='SAME'),\
                _b['be1']))
```

在数据移动到第二层卷积之前，先进行dropout操作：

```
_ce1 = tf.nn.dropout(_ce1, _keepprob)
```

在接下来的两个编码层中，进行同样的卷积和dropout操作：

```
_ce2 = tf.nn.sigmoid\
        (tf.add(tf.nn.conv2d\
                (_ce1, _W['ce2'],\
                strides=[1, 2, 2, 1],\
                padding='SAME'),\
                _b['be2']))
_ce2 = tf.nn.dropout(_ce2, _keepprob)

_ce3 = tf.nn.sigmoid\
        (tf.add(tf.nn.conv2d\
                (_ce2, _W['ce3'],\
                strides=[1, 2, 2, 1],\
                padding='SAME'),\
                _b['be3']))
_ce3 = tf.nn.dropout(_ce3, _keepprob)
```

特征的数量从1（输入图像）增加至64，而原始图像的形状从28 × 28降至7 × 7。在解码阶段，压缩（或编码）并变形的图像必须尽可能与原始图像相同。

为实现这一点，对接下来的3层使用TensorFlow函数`conv2d_transpose`：

```
tf.nn.conv2d_transpose(value, filter, output_shape, strides, padding='SAME')
```

这一过程有时称为反卷积。其实这仅仅是对`conv2d`的转置（求导）操作。

该函数的参数如下。

- `value`：类型为浮点型，形状为(批, 高度, 宽度, 输入通道)的四维张量。
- `filter`：类型与`value`相同，形状为(高度, 宽度, 输出通道, 输入通道)的四维张量。`in_channels`的维度必须和`value`相匹配。
- `output_shape`：一维张量，代表反卷积操作符的输出形状。
- `strides`：一个整型列表。输入张量每一维滑动窗口的步长。
- `padding`：一个字符串，具有两种类型`valid`和`same`。
- `conv2d_transpose`：返回一个和`value`参数类型相同的张量。

第一个反卷积层_cd3的输入为卷积层_ce3。该层返回张量_cd3，其形状为（1, 7, 7, 32）：

```
_cd3 = tf.nn.sigmoid\
        (tf.add(tf.nn.conv2d_transpose\
                (_ce3, _W['cd3'],\
                tf.pack([tf.shape(_X)[0], 7, 7, n2]),\
                strides=[1, 2, 2, 1],\
                padding='SAME'),\
                _b['bd3']))
_cd3 = tf.nn.dropout(_cd3, _keepprob)
```

我们将反卷积层_cd3作为输入传入第二个反卷积层_cd2。该层返回张量_cd2，形状为(1, 14, 14, 16)。

```
_cd2 = tf.nn.sigmoid\
        (tf.add(tf.nn.conv2d_transpose\
                (_cd3, _W['cd2'],\
                tf.pack([tf.shape(_X)[0], 14, 14, n1]),\
                strides=[1, 2, 2, 1],\
                padding='SAME'),\
                _b['bd2']))
_cd2 = tf.nn.dropout(_cd2, _keepprob)
```

第三个也是最后一个反卷积层_cd1的输入为_cd2层。该层返回结果张量_out，其形状为(1, 28, 28, 1)，和输入图像的形状相同：


```
_cd1 = tf.nn.sigmoid\
        (tf.add(tf.nn.conv2d_transpose\
                (_cd2, _W['cd1'], \
                tf.pack([tf.shape(_X)[0], 28, 28, 1]),\
                strides=[1, 2, 2, 1],\
                padding='SAME'),\
                _b['bd1']))
_cd1 = tf.nn.dropout(_cd1, _keepprob)
_out = _cd1
return _out
```

然后，将cost代价函数定义为y和pred之间的均方误差：

```
pred = cae(x, weights, biases, keepprob)
cost = tf.reduce_sum\
        (tf.square(cae(x, weights, biases, keepprob)\
                   - tf.reshape(y, shape=[-1, 28, 28, 1])))
learning_rate = 0.001
```

使用AdamOptimizer，优化代价函数：

```
optm = tf.train.AdamOptimizer(learning_rate).minimize(cost)
```

接下来，为网络设置运行会话：

```
init = tf.global_variables_initializer()
print ("Functions ready")
sess = tf.Session()
sess.run(init)
mean_img = np.zeros((784))
```

批的大小设置为128：

```
batch_size = 128
```

训练时期设置为5：

```
n_epochs = 5
```

开始循环会话：

```
for epoch_i in range(n_epochs):
```

在每个训练时期中，我们获取一批数据trainbatch：

```
for batch_i in range(mnist.train.num_examples // batch_size):
    batch_xs, _ = mnist.train.next_batch(batch_size)
    trainbatch = np.array([img - mean_img for img in batch_xs])
```

和去噪自编码器一样，加入随机噪声，以获得更好的学习效果：

```
trainbatch_noisy = trainbatch + \
                   0.3*np.random.randn(trainbatch.shape[0], 784)
    sess.run(optm, feed_dict={x: trainbatch_noisy\
                               , y: trainbatch, keepprob: 0.7})
print ("[%02d/%02d] cost: %.4f" % (epoch_i, n_epochs\
        , sess.run(cost, feed_dict={x: trainbatch_noisy\
                                   , y: trainbatch, keepprob: 1.})))
```

在每一个训练阶段，随机选取5个训练样本：

```
if (epoch_i % 1) == 0:
    n_examples = 5
    test_xs, _ = mnist.test.next_batch(n_examples)
    test_xs_noisy = test_xs + 0.3*np.random.randn(\
                    test_xs.shape[0], 784)
```

然后，在一个小子集上测试训练出的模型：

```
recon = sess.run(pred, feed_dict={x: test_xs_noisy,\
                                  keepprob: 1.})
fig, axs = plt.subplots(2, n_examples, figsize=(15, 4))
for example_i in range(n_examples):
    axs[0][example_i].matshow(np.reshape(\
        test_xs_noisy[example_i, :], (28, 28))\
        , cmap=plt.get_cmap('gray'))
```

最后，可以用matplotlib可视化输入和学习到的数据集：

```
    axs[1][example_i].matshow(np.reshape(\
        np.reshape(recon[example_i, ...], (784,))\
        + mean_img, (28, 28)), cmap=plt.get_cmap('gray'))
plt.show()
```

运行上述代码，会得到以下输出：

```
>>>
Extracting data/train-images-idx3-ubyte.gz
Extracting data/train-labels-idx1-ubyte.gz
Extracting data/t10k-images-idx3-ubyte.gz
Extracting data/t10k-labels-idx1-ubyte.gz
Packages loaded
Network ready
Functions ready
Start training..
[00/05] cost: 8049.0332
[01/05] cost: 3706.8667
[02/05] cost: 2839.9155
[03/05] cost: 2462.7021
[04/05] cost: 2391.9460
>>>
```

注意，对每个训练阶段，我们会可视化前面提到的输入数据集和对应的学习到的数据集。

可以看到，第一个训练时期过后，看不出学习出的图像是什么（见图5-9）。

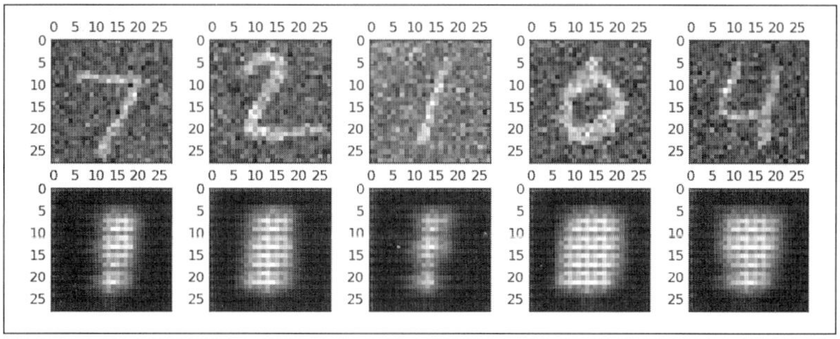

图5-9 第一时期图像

第二个训练时期过后，图像变得清晰了一些（见图5-10）。

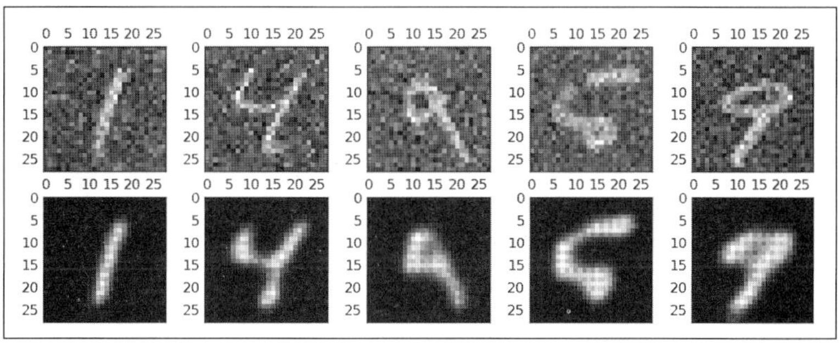

图5-10 第二时期图像

第三时期训练结果如图5-11所示。

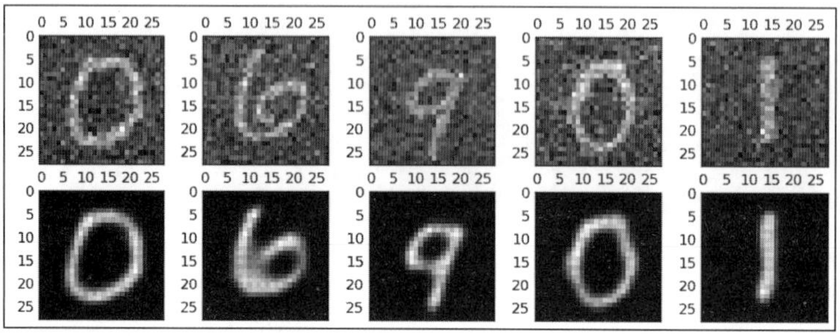

图5-11　第三时期图像

第四时期的结果变得更好了（见图5-12）。

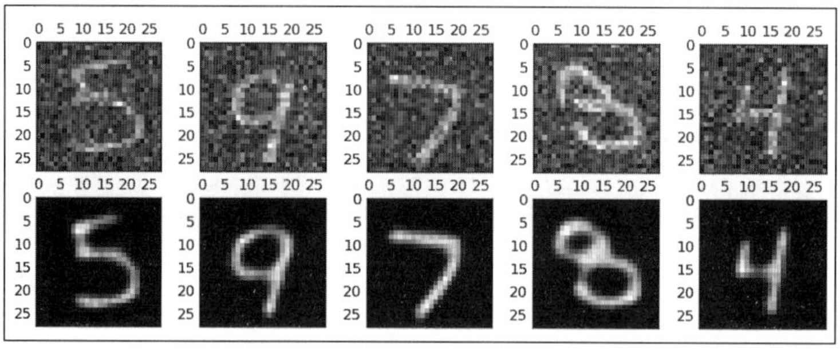

图5-12　第四时期图像

实际上，在第四个训练时期即可结束训练。如果继续进行第五个时期的训练，结果如图5-13所示。

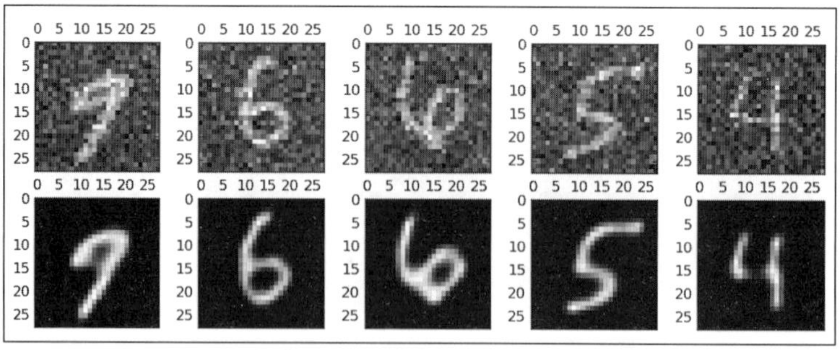

图5-13　第五时期图像

5.5.3　卷积自编码器源代码

以下是上一节示例的源代码：

```
import matplotlib.pyplot as plt
import numpy as np
import math
import tensorflow as tf
import tensorflow.examples.tutorials.mnist.input_data as input_data

#LOAD PACKAGES
mnist       = input_data.read_data_sets("data/", one_hot=True)
trainimgs   = mnist.train.images
trainlabels = mnist.train.labels
testimgs    = mnist.test.images
testlabels  = mnist.test.labels
ntrain      = trainimgs.shape[0]
ntest       = testimgs.shape[0]
dim         = trainimgs.shape[1]
nout        = trainlabels.shape[1]
print ("Packages loaded")

#WEIGHT AND BIASES
n1 = 16
n2 = 32
n3 = 64
ksize = 5
weights = {
    'ce1': tf.Variable(tf.random_normal\
                        ([ksize, ksize, 1, n1],stddev=0.1)),
    'ce2': tf.Variable(tf.random_normal\
                        ([ksize, ksize, n1, n2],stddev=0.1)),
    'ce3': tf.Variable(tf.random_normal\
                        ([ksize, ksize, n2, n3],stddev=0.1)),
    'cd3': tf.Variable(tf.random_normal\
                        ([ksize, ksize, n2, n3],stddev=0.1)),
    'cd2': tf.Variable(tf.random_normal\
                        ([ksize, ksize, n1, n2],stddev=0.1)),
    'cd1': tf.Variable(tf.random_normal\
                        ([ksize, ksize, 1, n1],stddev=0.1))
}

biases = {
    'be1': tf.Variable\
    (tf.random_normal([n1], stddev=0.1)),
    'be2': tf.Variable\
    (tf.random_normal([n2], stddev=0.1)),
    'be3': tf.Variable\
    (tf.random_normal([n3], stddev=0.1)),
    'bd3': tf.Variable\
    (tf.random_normal([n2], stddev=0.1)),
    'bd2': tf.Variable\
    (tf.random_normal([n1], stddev=0.1)),
    'bd1': tf.Variable\
    (tf.random_normal([1], stddev=0.1)),
}
def cae(_X, _W, _b, _keepprob):
    _input_r = tf.reshape(_X, shape=[-1, 28, 28, 1])
```

```
# Encoder
_ce1 = tf.nn.sigmoid\
        (tf.add(tf.nn.conv2d\
                (_input_r, _W['ce1'],\
                strides=[1, 2, 2, 1],\
                padding='SAME'),\
                _b['be1']))

_ce1 = tf.nn.dropout(_ce1, _keepprob)

_ce2 = tf.nn.sigmoid\
        (tf.add(tf.nn.conv2d\
                (_ce1, _W['ce2'],\
                strides=[1, 2, 2, 1],\
                padding='SAME'),\
                _b['be2']))
_ce2 = tf.nn.dropout(_ce2, _keepprob)

_ce3 = tf.nn.sigmoid\
        (tf.add(tf.nn.conv2d\
                (_ce2, _W['ce3'],\
                strides=[1, 2, 2, 1],\
                padding='SAME'),\
                _b['be3']))
_ce3 = tf.nn.dropout(_ce3, _keepprob)

# Decoder
_cd3 = tf.nn.sigmoid\
        (tf.add(tf.nn.conv2d_transpose\
                (_ce3, _W['cd3'],\
                tf.pack([tf.shape(_X)[0], 7, 7, n2]),\
                strides=[1, 2, 2, 1],\
                padding='SAME'),\
                _b['bd3']))
_cd3 = tf.nn.dropout(_cd3, _keepprob)

_cd2 = tf.nn.sigmoid\
        (tf.add(tf.nn.conv2d_transpose\
                (_cd3, _W['cd2'],\
                tf.pack([tf.shape(_X)[0], 14, 14, n1]),\
                strides=[1, 2, 2, 1],\
                padding='SAME'),\
                _b['bd2']))
_cd2 = tf.nn.dropout(_cd2, _keepprob)

_cd1 = tf.nn.sigmoid\
        (tf.add(tf.nn.conv2d_transpose\
                (_cd2, _W['cd1'] ,\
                tf.pack([tf.shape(_X)[0], 28, 28, 1]),\
                strides=[1, 2, 2, 1],\
                padding='SAME'),\
                _b['bd1']))
_cd1 = tf.nn.dropout(_cd1, _keepprob)
_out = _cd1
```

```
    return _out

print ("Network ready")

x = tf.placeholder(tf.float32, [None, dim])
y = tf.placeholder(tf.float32, [None, dim])
keepprob = tf.placeholder(tf.float32)
pred = cae(x, weights, biases, keepprob)#['out']
cost = tf.reduce_sum\
        (tf.square(cae(x, weights, biases, keepprob)\
                    - tf.reshape(y, shape=[-1, 28, 28, 1])))
learning_rate = 0.001
optm = tf.train.AdamOptimizer(learning_rate).minimize(cost)
init = tf.global_variables_initializer()
print ("Functions ready")

sess = tf.Session()
sess.run(init)
# mean_img = np.mean(mnist.train.images, axis=0)
mean_img = np.zeros((784))
# Fit all training data
batch_size = 128
n_epochs = 5

print("Strart training..")
for epoch_i in range(n_epochs):
    for batch_i in range(mnist.train.num_examples // batch_size):
        batch_xs, _ = mnist.train.next_batch(batch_size)
        trainbatch = np.array([img - mean_img for img in batch_xs])
        trainbatch_noisy = trainbatch + 0.3*np.random.randn(\
            trainbatch.shape[0], 784)
        sess.run(optm, feed_dict={x: trainbatch_noisy\
                                    , y: trainbatch, keepprob: 0.7})
    print ("[%02d/%02d] cost: %.4f" % (epoch_i, n_epochs\
        , sess.run(cost, feed_dict={x: trainbatch_noisy\
                                    , y: trainbatch, keepprob: 1.})))
if (epoch_i % 1) == 0:
    n_examples = 5
    test_xs, _ = mnist.test.next_batch(n_examples)
    test_xs_noisy = test_xs + 0.3*np.random.randn(\
        test_xs.shape[0], 784)
    recon = sess.run(pred, feed_dict={x: test_xs_noisy,\
                                            keepprob: 1.})
    fig, axs = plt.subplots(2, n_examples, figsize=(15, 4))
    for example_i in range(n_examples):
        axs[0][example_i].matshow(np.reshape(\
            test_xs_noisy[example_i, :], (28, 28))\
            , cmap=plt.get_cmap('gray'))
        axs[1][example_i].matshow(np.reshape(\
            np.reshape(recon[example_i, ...], (784,))\
            + mean_img, (28, 28)), cmap=plt.get_cmap('gray'))
    plt.show()
```

5

5.6 小结

本章实现了几种优化网络，称为自编码器。自编码器的本质是一个数据压缩网络模型。

自编码器对给定输入编码为更小维度上的表示，然后，用解码器将已被编码的数据重建为原始输入。我们实现的所有自编码器都包含一个编码部分和一个解码部分。

我们还讨论了如何改善自编码器的性能，即在训练过程中引入噪声，构建去噪自编码器。最后，我们应用第4章介绍的CNN网络概念，实现了卷积自编码器。

下一章将介绍**循环神经网络**。我们会先讲解关于这种网络的一些基本概念，然后用这种架构实现几个有趣的例子。

第6章

循环神经网络

循环神经网络是近来使用较为广泛的一种深度学习架构。RNN的基本思想是将输入的时序类型信息纳入考虑。

这种网络是循环的，因为它对一个输入序列内的所有元素都执行同样的计算，而每个元素的输出除了依赖于当前输入，还要受之前所有计算的影响。

RNN被证明，在文本字符预测和句子中下一个单词的预测等问题上具有非常好的性能。

当然，RNN也用于解决更复杂的问题，比如**机器翻译**。在这个问题中，网络的输入为一个序列的源语单词，输出为由该序列翻译成的目标语言。最后，RNN还广泛应用于其他非常重要的领域，如语音识别和图像识别等。

本章的主要主题如下：

- RNN的基本概念
- RNN的工作机制
- RNN的展开
- 梯度消失问题
- LSTM网络
- RNN图像分类器
- 双向RNN
- 文本预测

6.1 RNN 的基本概念

人在思考问题时不会从零开始，因为人脑有所谓的“记忆持续性”，即能够将过去的信息与现在的信息联系起来。然而，传统的神经网络并没有考虑到过去的问题。举个例子，一个电影场景分类器无法使用神经网络根据过去场景分类当前场景。

RNN的设计目的就是解决这一问题。与**卷积神经网络**不同，RNN具有环状结构，可以使信息得以维持。

RNN每次处理一个时序输入，更新一种向量状态，该向量含有序列中所有过去的元素。

图6-1展示了一个输入为$\mathbf{X}_t$，输出为$\mathbf{O}_t$的神经网络。

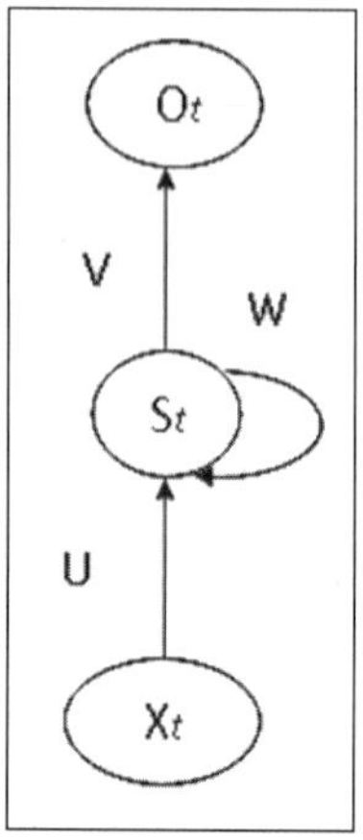

图6-1　一个含有内部环的RNN

$\mathbf{S}_t$是网络中的一个向量状态，可以视为系统的一种记忆模式。它含有输入序列中所有之前的元素中的信息。另一方面，图中的循环使得信息可以由网络中的每一步移动到下一步。

6.2　RNN的工作机制

状态向量$\mathbf{S}_t$由当前输入和之前的状态向量通过矩阵U和W计算。

$$\mathrm{S}_t = f(\mathrm{U} \cdot \mathrm{X}_t + \mathrm{W} \cdot \mathrm{S}_{t-1})$$

f是一个非线性函数，与tanh和ReLU类似。可以看到，函数中的两项要先求和，然后被f处理。

最后，$\mathbf{O}_t$是网络输出，由矩阵V计算得来。

$$\mathrm{O}_t = V \cdot \mathrm{S}_t$$

6.3　RNN的展开

图6-2在互异、离散时间的整个输入序列上展开网络结构，获得RNN的一种展开形式。从图中可以清晰地看出，这种结构与典型的多层神经网络不同，因为典型的多层神经网络在每一层使

用不同的参数；而RNN在每个时刻使用的参数均相同，即U、V和W。

的确，RNN在每个时刻、对同一序列的不同输入执行同样的运算。由于共享了相同的参数，RNN极大地减少了网络在训练过程中需要学习的参数数量，也因此缩短了网络训练时间。

从RNN的展开形式看，很显然，我们只需要对反向传播算法做一些微小的改变，就可以对这种网络进行训练。

实际上，由于参数在每个时刻都是共享的，所以计算出的梯度不仅依赖于当前运算，还与之前的运算有关。

例如，如果要计算（`t = 4`时刻的）梯度，必须将计算出的梯度反向传播3个时刻，然后对获得的所有梯度求和。实际上，整个输入序列一般被视为训练集的一个单个元素。因此，如果总误差是所有时刻（输入序列中的每个元素）误差的简单求和，那么总误差梯度就是每个时刻误差梯度的和。

这个过程称为**沿时间反向传播**。

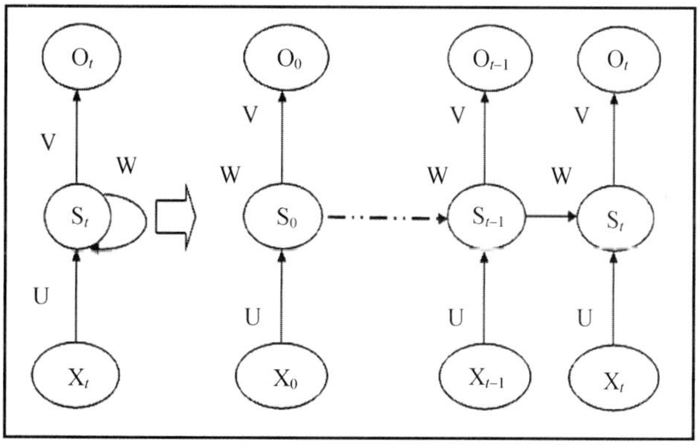

图6-2　RNN的展开形式

6.4　梯度消失问题

在反向传播算法中，权重是根据梯度误差按照比例调整的。梯度的计算需要注意以下几点。

- 如果权重很小，梯度可能会“消失”，即梯度信号太小以至于学习变得很慢甚至停止。这种现象经常称为**梯度消失**。
- 如果矩阵中的权重过大，可能会因梯度过大而导致学习不收敛。这种现象通常称为**梯度爆炸**。

梯度的消失–爆炸问题也会影响RNN。实际上，BPTT算法会展开RNN，使其变成一个很深的前馈神经网络。RNN网络的时序不能太长就是出于这个原因。如果梯度在数层之后开始消失或爆炸，网络就不能学习数据之间比较高的时间距离关系。

图6-3解释了该现象的组织关系。被计算并反向传播的梯度在每个时刻都趋向于减少（或增加）。在一定数量的时刻后，梯度收敛为0（或爆炸为无穷大）。

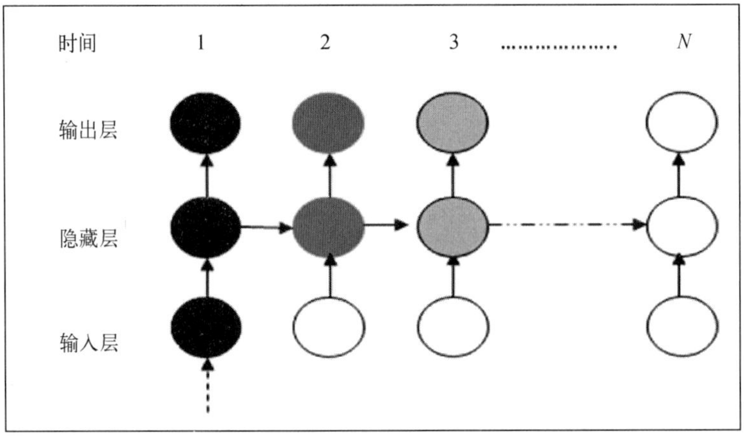

图6-3 RNN中的梯度消失问题

为解决梯度消失问题，人们为基本的RNN模型提出了几个扩展。例如，其中一个扩展模型称为**长短期记忆**（**Long Short Term Memory，LSTM**）网络，我们将在下一节讲解该模型。

6.5 LSTM 网络

长短期记忆是一种特殊的循环神经网络架构，最早由赛普·霍克赖特和于尔根·施密德胡伯在1997年提出。这种类型的神经网络是在深度学习环境下提出的，因为它不受梯度消失问题的影响，且结果和性能非常优秀。基于LSTM的网络对于时序数据的预测和分类问题效果十分理想，正在逐渐取代传统方法，将很多问题的解决方案向深度学习发展。

LSTM网络由许多互相连接的元胞（LSTM块）组成，如图6-4所示。每个LSTM块包含三种类型的门：**输入门**、**输出门**和**遗忘门**，分别实现对元胞记忆的写、读和重置函数。这些门并不是二元的，而是模拟的。（一般由sigmoid类激活函数映射到区间[0, 1]生成，0代表全部抑制，1代表全部激活。）

这些门的存在使LSTM元胞可以记忆不确定时间的信息。实际上，下面的**输入门**为激活阈值，该元胞会保持前面的状态；如果当前状态被启动，那么该状态将会和输入值合并。顾名思义，**遗忘门**负责重置元胞当前状态（当其值被置为0），**输出门**决定是否将该元胞中的值输出。

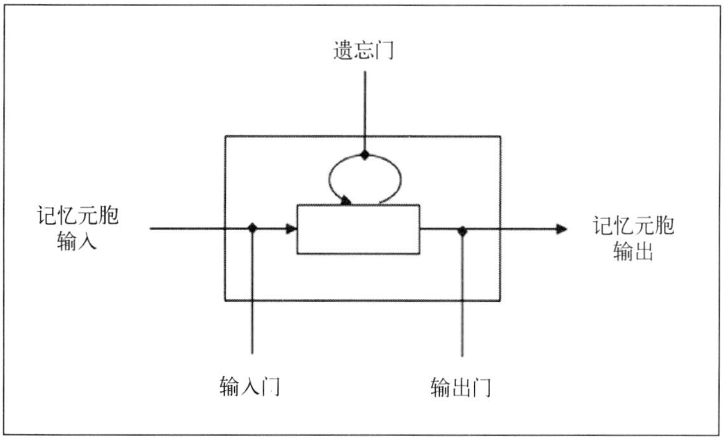

图6-4 LSTM元胞框图

6.6 RNN图像分类器

下面介绍一种包含LSTM块的图像分类循环模型实现。我们使用著名的MNIST数据集。

我们实现的模型包含一个LSTM层，紧跟一个降维求平均操作，再加一个softmax层，如图6-5所示。

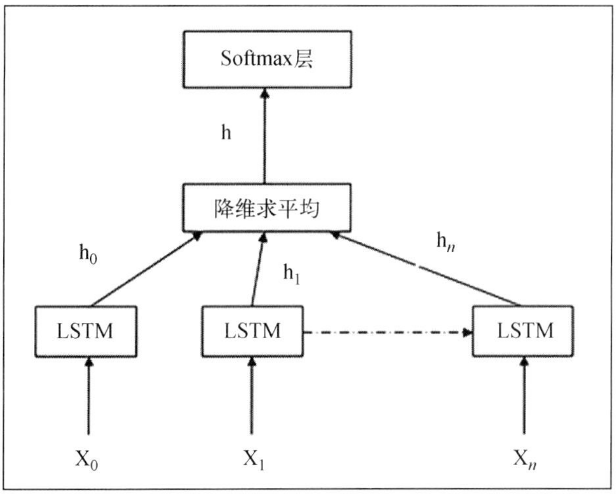

图6-5 RNN架构中的数据流

下面的代码计算了一个张量中所有维度内元素的均值，并将input_tensor沿着数轴中给定的维度降维。如果keep_dims的值不为true，张量的值会随着数轴上的每一项减1。如果keep_dim为true，那么被降低的维度会以长度1被保持。

```
tf.reduce_mean(input_tensor, axis=None,\
keep_dims=False, name=None, reduction_indices=None)
```

如果数轴中没有条目，所有维度都会被约减，然后返回一个只含有一个元素的张量。

例如：

```
# 'x' is [[1., 1.]
#         [2., 2.]]
tf.reduce_mean(x)==> 1.5
tf.reduce_mean(x,0)==> [1.5,1.5]
tf.reduce_mean(x,1)==> [1.,2.]
```

因此，如果输入序列为x_0, x_1, …, x_n，那么LSTM层中的记忆元胞会生成一个表示序列$h_0, h_1, \cdots, h_n$。

这个表示序列会对所有时间步取均值，最终的输出表示为h。最后，这个表示会被馈给softmax层，其目标是将输入序列与类标签对应。

下面开始实现该模型。首先和通常一样，导入所有依赖：

```
import tensorflow as tf
from tensorflow.contrib import rnn
```

导入的rnn和rnn_cell为TensorFlow类，描述如下。

rnn_cell模型提供了一系列常用的基本RNN元胞，如LSTM和一系列操作符，可以为输入添加dropout、映射或嵌入操作。

然后使用下述库载入MNIST数据集：

```
from tensorflow.examples.tutorials.mnist import input_data
mnist = input_data.read_data_sets("/tmp/data/", one_hot=True)
```

从网络上下载数据集可能需要几分钟时间。

要使用循环神经网络分类图像，必须将每个图像视为一个像素序列。由于MNIST图像的形状为28 × 28像素，接下来对每个样本都要处理28个时间步的28个序列：

```
MNIST data input (image shape: 28×28)
n_input = 28
```

```
the timesteps
n_steps = 28
The number of features in the hidden layer:
n_hidden = 128
MNIST total classes (0-9 digits)
n_classes = 10
```

下面定义学习过程中要使用的参数：

```
learning_rate = 0.001
training_iters = 100000
batch_size = 128
display_step = 10
```

将输入数据（图像）定义为x。该张量的数据类型设置为float，形状为[None, n_steps, n_input]。None参数代表该张量中可以载入任意数量的图像：

```
x = tf.placeholder("float", [None, n_steps, n_input])
```

然后为x变量中输入的图像的真实标签定义占位符变量。该占位符变量的形状为[None, n_classes]，意为该变量可以承载任意数量的标签，每个标签是长度为n_classes的向量。该例中，n_classes为10：

```
y = tf.placeholder("float", [None, n_classes])
weights = {
    'out': tf.Variable(tf.random_normal([n_hidden, n_classes]))
}
biases = {
    'out': tf.Variable(tf.random_normal([n_classes]))
}
```


使用RNN函数定义网络：

```
def RNN (x, weights, biases):
```

对输入数据x的形状设置直接和RNN函数的要求对应。注意以下问题：

- 当前的输入数据为(batch_size, n_steps, n_input)；
- 函数要求的形状是一个长度为n_steps的张量列表，其中每个张量的形状为(batch_size, n_input)。

为实现这一要求，需要对输入张量x进行一些变形。第一个操作是对输入数据的转置重排：

```
x = tf.transpose(x, [1, 0, 2])
```

该操作将当前形状为(128, 28, 28)的输入数据转置，返回一个(28, 28, 128)的张量。然后，对x进行变形：

```
x = tf.reshape(x, [-1, n_input])
```

该操作返回一个n_steps x batch_size、n_input张量。接下来，分割张量x以获取函数要求的长度为n_steps、元素形状为(batch_size, n_input)的张量：

```
x = tf.split(axis=0, num_or_size_splits=n_steps, value=x)
```

要定义我们的循环神经网络，需要执行以下步骤。

(1) **定义一个LSTM元胞**：使用BasicLSTMCell方法可以定义一个LSTM循环网络元胞。其中的forget_bias参数被设置为1.0，以减小训练开始时的遗忘比例。

```
lstm_cell = rnn_cell.BasicLSTMCell(n_hidden, forget_bias=1.0)
```

(2) **构建网络**：rnn()操作在给定的时间步中创建计算节点。

```
outputs, states = rnn. static_rnn (lstm_cell, x,\
dtype=tf.float32)
```

该操作返回LSTM元胞的输出，此处的参数解释如下：

- outputs为一个输出列表（其中每个元素对应一个输入），长度为n_steps；
- states为元胞的最终状态。

RNN函数的结果是一个长度为10的张量，用于确定输入图像属于10个类中的哪一个：

```
return tf.matmul(outputs[-1], weights['out']) + biases['out']
```

定义cost函数和预测器的优化函数optimizer：

```
pred = RNN(x, weights, biases)
```

使用softmax_cross_entropy_with_logits度量模型性能，并使用reduce_mean求所有图像分类交叉熵的平均值。

```
New: cost =\
tf.reduce_mean(tf.nn.softmax_cross_entropy_with_logits(logits=pred,\
labels=y))
```

然后使用AdamOptimizer算法最小化交叉熵，改变网络参数，使其值尽可能趋于0：

```
optimizer = tf.train.AdamOptimizer\
            (learning_rate=learning_rate).minimize(cost)
```

定义需要在计算过程中显示的准确率：

```
correct_pred = tf.equal(tf.argmax(pred,1), tf.argmax(y,1))
accuracy = tf.reduce_mean(tf.cast(correct_pred, tf.float32))
```

然后，初始化所有变量：

```
init = tf.global_variables_initializer()
```

现在可以开始训练了。首先，创建会话，以进行运算：

```
with tf.Session() as sess:
    sess.run(init)
    step = 1
```

构建批数据集，直到达到训练的最大迭代次数：

```
while step * batch_size < training_iters:
    batch_x, batch_y = mnist.train.next_batch(batch_size)
```

将数据变形，得到28个序列，每个序列含有28个元素：

```
batch_x = batch_x.reshape((batch_size, n_steps, n_input))
```

运行过程中采用时序的方式访问数据，可以将数据分成许多小块，每个小块的大小为我们定义的批大小。然后，取一块数据馈给优化器，并计算准确度和误差。对每一块新的数据重复该过程。在此过程中，馈给网络的数据越多，准确率就越高：

```
sess.run(optimizer, feed_dict={x: batch_x, y: batch_y})
    if step % display_step == 0:
```

使用以下代码计算模型准确率：

```
acc = sess.run(accuracy, feed_dict={x: batch_x, y: batch_y})
```

另一方面，可以由以下代码计算网络误差值：

```
loss = sess.run(cost, feed_dict={x: batch_x, y: batch_y})
```

然后，用如下代码显示准确率：

```
print("Iter " + str(step*batch_size) + ", Minibatch Loss= " +\
           "{:.6f}".format(loss) + ", Training Accuracy= " +\
         "{:.5f}".format(acc))
 step += 1
print("Optimization Finished!")
```

最后，在图像的一个子集（或批数据集）上测试该RNN模型：

```
test_len = 128
test_data = mnist.test.images[:test_len]\
                 .reshape((-1, n_steps, n_input))
test_label = mnist.test.labels[:test_len]
print("Testing Accuracy:",\
sess.run(accuracy, feed_dict={x: test_data, y: test_label}))
```

运行结果输出如下：

```
 >>>
 Extracting /tmp/data/train-images-idx3-ubyte.gz
Extracting /tmp/data/train-labels-idx1-ubyte.gz
```

```
Extracting /tmp/data/t10k-images-idx3-ubyte.gz
Extracting /tmp/data/t10k-labels-idx1-ubyte.gz
Iter 1280, Minibatch Loss= 1.861236, Training Accuracy= 0.35156
Iter 2560, Minibatch Loss= 1.457468, Training Accuracy= 0.51562
Iter 3840, Minibatch Loss= 1.092437, Training Accuracy= 0.64062
Iter 5120, Minibatch Loss= 0.857512, Training Accuracy= 0.73438
Iter 6400, Minibatch Loss= 0.678605, Training Accuracy= 0.78125
Iter 7680, Minibatch Loss= 1.139174, Training Accuracy= 0.61719
Iter 8960, Minibatch Loss= 0.797665, Training Accuracy= 0.75781
Iter 10240, Minibatch Loss= 0.640586, Training Accuracy= 0.81250
Iter 11520, Minibatch Loss= 0.379285, Training Accuracy= 0.90625
Iter 12800, Minibatch Loss= 0.694143, Training Accuracy= 0.72656
. . . . . . . . . . . . . . . . . . . . . . . . . . . . . . . . .
Iter 85760, Minibatch Loss= 0.110027, Training Accuracy= 0.96094
Iter 87040, Minibatch Loss= 0.042054, Training Accuracy= 0.98438
Iter 88320, Minibatch Loss= 0.110460, Training Accuracy= 0.96875
Iter 89600, Minibatch Loss= 0.098120, Training Accuracy= 0.97656
Iter 90880, Minibatch Loss= 0.081780, Training Accuracy= 0.96875
Iter 92160, Minibatch Loss= 0.064964, Training Accuracy= 0.97656
Iter 93440, Minibatch Loss= 0.077182, Training Accuracy= 0.96094
Iter 94720, Minibatch Loss= 0.187053, Training Accuracy= 0.95312
Iter 96000, Minibatch Loss= 0.128569, Training Accuracy= 0.96094
Iter 97280, Minibatch Loss= 0.125085, Training Accuracy= 0.96094
Iter 98560, Minibatch Loss= 0.102962, Training Accuracy= 0.96094
Iter 99840, Minibatch Loss= 0.063063, Training Accuracy= 0.98438
Optimization Finished! Testing Accuracy: 0.960938
>>>
```

RNN 图像分类器源代码

前面介绍的示例源代码如下所示：

```
import tensorflow as tf
from tensorflow.contrib import rnn
from tensorflow.examples.tutorials.mnist import input_data
mnist = input_data.read_data_sets("/tmp/data/", one_hot=True)

learning_rate = 0.001
training_iters = 100000
batch_size = 128
display_step = 10

n_input = 28
n_steps = 28
n_hidden = 128
n_classes = 10

x = tf.placeholder("float", [None, n_steps, n_input])
y = tf.placeholder("float", [None, n_classes])

weights = {
    'out': tf.Variable(tf.random_normal([n_hidden, n_classes]))
```

```
}
biases = {
    'out': tf.Variable(tf.random_normal([n_classes]))
}

def RNN(x, weights, biases):
    x = tf.transpose(x, [1, 0, 2])
    x = tf.reshape(x, [-1, n_input])
    x = tf.split(axis=0, num_or_size_splits=n_steps, value=x)
    lstm_cell = rnn_cell.BasicLSTMCell(n_hidden, forget_bias=1.0)
    outputs, states = rnn.rnn(lstm_cell, x, dtype=tf.float32)
    return tf.matmul(outputs[-1], weights['out']) + biases['out']

pred = RNN(x, weights, biases)
New: cost =\
tf.reduce_mean(tf.nn.softmax_cross_entropy_with_logits(logits=pred,\
labels=y))
optimizer = tf.train.AdamOptimizer\
(learning_rate=learning_rate).minimize(cost)

correct_pred = tf. equal(tf.argmax(pred,1), tf.argmax(y,1))
accuracy = tf.reduce_mean(tf.cast(correct_pred, tf.float32))

init = tf.global_variables_initializer()
with tf.Session() as sess:
    sess.run(init)
    step = 1
    while step * batch_size < training_iters:
        batch_x, batch_y =     mnist.train.next_batch(batch_size)
        batch_x = batch_x.reshape((batch_size, n_steps, n_input))
        sess.run(optimizer, feed_dict={x: batch_x, y: batch_y})
        if step % display_step == 0:
            acc = sess.run(accuracy, feed_dict={x: batch_x, y: batch_y})
            loss = sess.run(cost, feed_dict={x: batch_x, y: batch_y})
            print("Iter "+str(step*batch_size) + ", Minibatch Loss= "+\
                    "{:.6f}".format(loss) + ", Training Accuracy= " +\
                    "{:.5f}".format(acc))
        step += 1
    print("Optimization Finished!")

    test_len = 128
    test_data = mnist.test.images[:test_len].reshape((-1,n_steps,\
    n_input))
    test_label = mnist.test.labels[:test_len]
    print("Testing Accuracy:",\
    sess.run(accuracy, feed_dict={x: test_data, y: test_label}))
```

6.7 双向 RNN

双向RNN的基本概念是，*t*时刻的输出可能会同时依赖于序列前面和后面的元素。为实现这一点，需要将两个RNN的输出混合：其中一个在一个方向上执行，另一个在相反方向上运行。

该网络将普通RNN的神经元分割为两个方向，其中一个用于正时间方向（前向状态），另一个用于负时间方向（反向状态）。使用这种架构，输出层可以同时获得过去和未来状态的信息。

B-RNN的展开架构如图6-6所示。

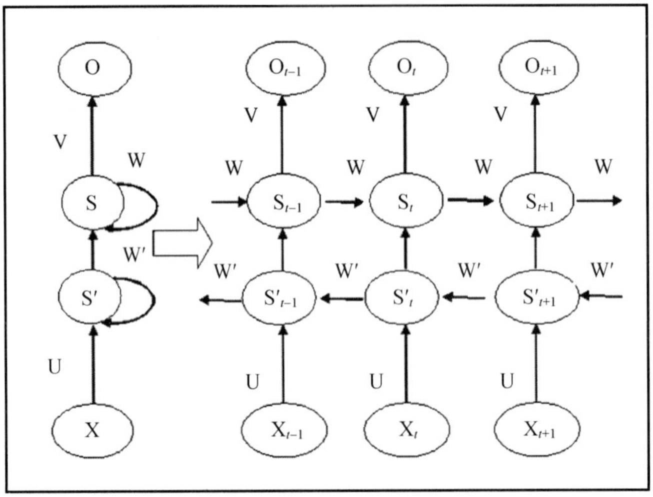

图6-6　双向RNN的展开形式

现在看看如何实现一个图像分类B-RNN。首先导入需要的库。注意，`rnn`和`rnn_cell`为TensorFlow库：

```
import tensorflow as tf
from tensorflow.contrib import rnn
import numpy as np
```

网络为MNIST图像做分类，所以需要先载入该数据集：

```
from tensorflow.examples.tutorials.mnist import input_data
mnist = input_data.read_data_sets("/tmp/data/", one_hot=True)
```

然后定义学习参数：

```
learning_rate = 0.001
training_iters = 100000
batch_size = 128
display_step = 10
```

接下来设置网络参数：

```
n_input = 28
n_steps = 28
n_hidden = 128
n_classes = 10
```

接着设置占位符，用于馈给我们的网络。首先，为输入图像定义一个占位符变量。这使得我们能够改变输入到TensorFlow图中的图像。数据类型设置为float，张量的形状为[None, n_steps, n_input]。其中，None代表该张量中可以载入任意数量的图像：

```
x = tf.placeholder("float", [None, n_steps, n_input])
```

然后设置第二个占位符，表示输入到占位符变量x中图像的标签。该占位符变量的形状被设置为[None, n_classes]，表示该张量可以载入任意数量的标签，且每个标签为长度为num_classes的向量。此处num_classes取10：

```
y = tf.placeholder("float", [None, n_classes])
```

第一个需要优化的变量是权重weights。此处被定义为一个TensorFlow变量，需要被初始化为平均分布的随机值，且形状为[2*n_hidden, n_classes]。

以下是weights的定义：

```
weights = {
    'out': tf.Variable(tf.random_normal([2*n_hidden, n_classes]))
}
```

然后定义对应的偏差biases：

```
biases = {
    'out': tf.Variable(tf.random_normal([n_classes]))
}
```

使用下面的BiRNN函数，定义weights和网络的biases：

```
def BiRNN(x, weights, biases):
```

为实现这一定义，使用以下语句对张量进行变形：

```
x = tf.transpose(x, [1, 0, 2])
x = tf.reshape(x, [-1, n_input])
x = tf.split(axis=0, num_or_size_splits=n_steps, value=x)
```

不用考虑前一个模型，此处定义两种类型的LSTM元胞：前向元胞和后向元胞。

```
lstm_fw_cell = rnn_cell.BasicLSTMCell(n_hidden, forget_bias=1.0)
lstm_bw_cell = rnn_cell.BasicLSTMCell(n_hidden, forget_bias=1.0)
```

然后导入rnn.bidirectional_rnn()类构建双向网络。和无向的情况类似，rnn.bidirectional_rnn()将最终的前后向输出作为输入，构建深度级联的独立前后向RNN：

```
try:
        outputs, _, _ = rnn. static_bidirectional_rnn
                    (lstm_fw_cell, lstm_bw_cell, x,dtype=tf.float32)
    except Exception:
        outputs = rnn. static_bidirectional_rnn
                    (lstm_fw_cell, lstm_bw_cell, x,dtype=tf.float32)
```

前向和后向元胞的input_size必须一致。注意，其输出必须符合以下格式：

```
[time][batch][cell_fw.output_size + cell_bw.output_size]
```

BiRNN函数返回一个输出张量，用以确定输入图像属于10个类中的哪一个：

```
return tf.matmul(outputs[-1], weights['out']) + biases['out']
```

BiRNN函数的返回值接下来会被转入pred张量：

```
pred = BiRNN(x, weights, biases)
```

然后计算每个被分类图像的交叉熵值，因为需要对模型在每张图上的表现制定一个评价标准。

如果要用交叉熵指导网络的优化过程，需要单一的标量值。所以，只要简单将所有被分类图像的交叉熵求平均（tf.reduce_mean）即可：

```
New: cost =\
tf.reduce_mean(tf.nn.softmax_cross_entropy_with_logits(logits=pred,\
labels=y))
```

将得到的误差值用optimizer变量最小化。此处使用AdamOptimizer，这是梯度下降的一种高级形式：

```
optimizer = tf.train.AdamOptimizer\
            (learning_rate=learning_rate).minimize(cost)
```

加入评价模型性能的指标，以显示训练过程的进度。这是一个布尔向量，记录模型预测类别是否和图像的真实类别相同：

```
correct_pred = tf.equal(tf.argmax(pred,1), tf.argmax(y,1))
```

correct_pred变量用于计算分类准确率。首先将布尔变量的类型转换为float，这样false变成了0，true变成了1。然后计算这些数的平均值：

```
accuracy = tf.reduce_mean(tf.cast(correct_pred, tf.float32))
```

所有变量在开始优化前都要先初始化：

```
init = tf.global_variables_initializer()
```

然后创建session会话，执行计算图：

```
with tf.Session() as sess:
    sess.run(init)
    step = 1
```

在会话中，取一批训练样本：

```
while step * batch_size < training_iters:
```

batch_x变量现在含有训练图像的一个子集，batch_y是这批图像对应的真实标签：

```
batch_x, batch_y = mnist.train.next_batch(batch_size)
 batch_x = batch_x.reshape((batch_size, n_steps, n_input))
```

将该批集馈给feed_dict，并正确设置占位符变量的名称。然后，使用sees.run运行优化器：

```
sess.run(optimizer, feed_dict={x: batch_x, y: batch_y})
if step % display_step == 0:
```

计算这些数据集上的准确率和loss值：

```
        acc = sess.run(accuracy,\
                    feed_dict={x: batch_x, y: batch_y})
        loss = sess.run(cost,\
                    feed_dict={x: batch_x, y: batch_y})
        print("Iter " + str(step*batch_size) +\
                            ", Minibatch Loss= " +\
                "{:.6f}".format(loss) + ", Training Accuracy= " +\
                "{:.5f}".format(acc))
    step += 1
print("Optimization Finished!")
```

在训练会话的末尾，取一批测试样本：

```
test_len = 128
test_data = mnist.test.images\
                [:test_len].reshape((-1, n_steps, n_input))
test_label = mnist.test.labels[:test_len]
```

最后，计算并显示测试集上的准确率：

```
    print("Testing Accuracy:",\
sess.run(accuracy, feed_dict={x: test_data, y: test_label}))
```

下面给出部分输出。此处可以可视化批数据集上计算出的loss值和准确率：

```
Successfully downloaded train-images-idx3-ubyte.gz 9912422 bytes.
Extracting /tmp/data/train-images-idx3-ubyte.gz
Successfully downloaded train-labels-idx1-ubyte.gz 28881 bytes.
Extracting /tmp/data/train-labels-idx1-ubyte.gz
Successfully downloaded t10k-images-idx3-ubyte.gz 1648877 bytes. Extracting
/tmp/data/t10k-images-idx3-ubyte.gz
Successfully downloaded t10k-labels-idx1-ubyte.gz 4542 bytes.
Extracting /tmp/data/t10k-labels-idx1-ubyte.gz
Iter 1280, Minibatch Loss= 1.877825, Training Accuracy= 0.34375
Iter 2560, Minibatch Loss= 1.582133, Training Accuracy= 0.45312
Iter 3840, Minibatch Loss= 1.172375, Training Accuracy= 0.53125
Iter 5120, Minibatch Loss= 0.942408, Training Accuracy= 0.67188
Iter 6400, Minibatch Loss= 0.678984, Training Accuracy= 0.73438
Iter 7680, Minibatch Loss= 1.089620, Training Accuracy= 0.64844
Iter 8960, Minibatch Loss= 0.658389, Training Accuracy= 0.79688
```

```
Iter 10240, Minibatch Loss= 0.576066, Training Accuracy= 0.82031
Iter 11520, Minibatch Loss= 0.404379, Training Accuracy= 0.92188
Iter 12800, Minibatch Loss= 0.627313, Training Accuracy= 0.79688
Iter 14080, Minibatch Loss= 0.447121, Training Accuracy= 0.87500
. . . . . . . . . . . . . . . . . . . . . . . . . . . . . . . .
Iter 90880, Minibatch Loss= 0.048776, Training Accuracy= 1.00000
Iter 92160, Minibatch Loss= 0.096100, Training Accuracy= 0.98438
Iter 93440, Minibatch Loss= 0.059382, Training Accuracy= 0.98438
Iter 94720, Minibatch Loss= 0.088342, Training Accuracy= 0.97656
Iter 96000, Minibatch Loss= 0.083945, Training Accuracy= 0.98438
Iter 97280, Minibatch Loss= 0.077618, Training Accuracy= 0.97656
Iter 98560, Minibatch Loss= 0.141791, Training Accuracy= 0.93750
Iter 99840, Minibatch Loss= 0.064927, Training Accuracy= 0.98438
Optimization Finished!
```

最后，在测试集上计算出的准确率如下：

```
Testing Accuracy: 0.984375
```

双向 RNN 源代码

下面给出前面实现的双向RNN的完整源代码：

```
import tensorflow as tf
from tensorflow.contrib import rnn
import numpy as np

from tensorflow.examples.tutorials.mnist import input_data
mnist = input_data.read_data_sets("/tmp/data/", one_hot=True)

learning_rate = 0.001
training_iters = 100000
batch_size = 128
display_step = 10

n_input = 28
n_steps = 28
n_hidden = 128
n_classes = 10

x = tf.placeholder("float", [None, n_steps, n_input])
y = tf.placeholder("float", [None, n_classes])

weights = {
    'out': tf.Variable(tf.random_normal([2*n_hidden, n_classes]))
}
biases = {
    'out': tf.Variable(tf.random_normal([n_classes]))
}

def BiRNN(x, weights, biases):
    x = tf.transpose(x, [1, 0, 2])
```

```
    x = tf.reshape(x, [-1, n_input])
    x = tf.split(axis=0, num_or_size_splits=n_steps, value=x)
    lstm_fw_cell = rnn_cell.BasicLSTMCell(n_hidden, forget_bias=1.0)
    lstm_bw_cell = rnn_cell.BasicLSTMCell(n_hidden, forget_bias=1.0)
    try:
        outputs, _, _ = rnn.static_bidirectional_rnn(lstm_fw_cell,\
                        lstm_bw_cell, x, dtype=tf.float32)
    except Exception:
    # Old TensorFlow version returns output not states
        outputs = rnn.bidirectional_rnn(lstm_fw_cell, lstm_bw_cell,\
                                        x, dtype=tf.float32)
    return tf.matmul(outputs[-1], weights['out']) + biases['out']

pred = BiRNN(x, weights, biases)
New: cost =\
tf.reduce_mean(tf.nn.softmax_cross_entropy_with_logits(logits=pred,\
labels=y))
optimizer =\
tf.train.AdamOptimizer(learning_rate=learning_rate).minimize(cost)
correct_pred = tf.equal(tf.argmax(pred,1), tf.argmax(y,1))
accuracy = tf.reduce_mean(tf.cast(correct_pred, tf.float32))
init = tf.global_variables_initializer()
with tf.Session() as sess:
    sess.run(init)
    step = 1
    while step * batch_size < training_iters:
        batch_x, batch_y = mnist.train.next_batch(batch_size)
        batch_x = batch_x.reshape((batch_size, n_steps, n_input))
        sess.run(optimizer, feed_dict={x: batch_x, y: batch_y})
        if step % display_step == 0:
            acc = sess.run(accuracy, feed_dict={x: batch_x, y: batch_y})
            loss = sess.run(cost, feed_dict={x: batch_x, y: batch_y})
            print("Iter " + str(step*batch_size) + ", Minibatch Loss=\
                    " + "{:.6f}".format(loss) + ", Training Accuracy= " +\
                    "{:.5f}".format(acc))
        step += 1
    print("Optimization Finished!")

    test_len = 128
    test_data = mnist.test.images[:test_len].reshape((-1, n_steps,\
                n_input))
    test_label = mnist.test.labels[:test_len]
    print("Testing Accuracy:",\
            sess.run(accuracy, feed_dict={x: test_data, y: test_label}))
```

6.8 文本预测

基于RNN的语言计算模型成为当今最成功的语言建模技术之一。该技术可以方便地应用于许多任务，包括自动语音识别和机器翻译等。

本节将研究RNN模型如何应用在一个具有挑战性的语言处理任务上——预测文本序列的下

一个单词。

> 感兴趣的读者可以到https://www.tensorflow.org/versions/r0.8/tutorials/recurrent/index.html找到本例的完整资料。

你可以到GitHub上的TensorFlow项目官方页面（https://github.com/tensorflow/models/tree/master/tutorials/rnn/ptb）下载本例完整代码。

需要下载的文件如下。

- ptb_word_lm.py：在PTB数据集上训练模型的代码
- reader.py：数据集读取代码

本节只展示主要思想。

6.8.1　数据集

这里使用的数据集为**Penn Tree Bank（PTB）**语言模型数据集。你需要从Tomas Mikolov的网站http://www.fit.vutbr.cz/~imikolov/rnnlm/simple-examples.tgz下载该数据集，并解压到你的数据文件夹。该数据集包含929 000个训练单词、73 000个验证单词和82 000个测试单词。其词汇数共有10 000个，其中包括句子结尾标识符和一个特殊符号<unk>，用于表示稀有词汇。

一般说来，树库（treebank）是一系列句子的集合，以句法注释形式组织，为机器提供可读的语言学文本结构信息。

6.8.2　困惑度

困惑度是用来度量网络好坏的一种单位。其精确定义需要用很复杂的数学描述，但基本可以视为模型在每个单词后面的平均选择数。如果考虑含有大约100万单词的英语口语，那么当前最好的网络模型的困惑度为247。用这个数值作为每个单词的分支数是相当大的。

6.8.3　PTB模型

PTB模型由PTBModel类实现，可以在ptb_word_lm.py文件中找到该类。下面分析基本的伪代码。

网络模型包含一个BasicLSTMCell元胞：

```
lstm = rnn_cell.BasicLSTMCell(lstm_size)
```

该网络的记忆状态由一个全0向量初始化。数据被分批处理，每一小批数据的大小为batch_size：

```
state = tf.zeros([batch_size, lstm.state_size])
```

每个被分析的单词作为句子下一个词的概率计算如下：

```
probabilities = []
for current_batch_of_words in words_in_dataset:
```

处理完每一批单词之后，state的值都会更新一次：

```
output, state = lstm(current_batch_of_words, state)
```

LSTM的输出被接着用于预测下一个词：

```
logits = tf.matmul(output, softmax_w) + softmax_b
probabilities.append(tf.nn.softmax(logits))
loss += loss_function(probabilities, target_words)
```

loss_function函数负责最小化目标单词的平均负对数概率。该函数会计算平均每单词困惑度。

6.8.4　运行例程

PTB模型可以支持小、中和大型数据集结构，其中小型模型的困惑度在测试集上会低于120，大型模型会低于80。即便如此，该模型的训练仍会耗费数小时。

下面在一个较小的数据集上执行该模型。只需在命令行输入以下语句：

```
python ptb_word_lm --data_path=/tmp/simple-examples/data/ --model small
```

命令中的路径是你之前下载的PTB数据集的解压路径，此处为/tmp/simple-examples/data/。

在8小时、13个时期的训练后，其困惑度值输出如下：

```
Epoch: 1 Learning rate: 1.000
0.004 perplexity: 5263.762 speed: 391 wps
0.104 perplexity: 837.607 speed: 429 wps
0.204 perplexity: 617.207 speed: 442 wps
0.304 perplexity: 498.160 speed: 438 wps
0.404 perplexity: 430.516 speed: 436 wps
0.504 perplexity: 386.339 speed: 427 wps
0.604 perplexity: 348.393 speed: 431 wps
0.703 perplexity: 322.351 speed: 432 wps
0.803 perplexity: 301.630 speed: 431 wps
0.903 perplexity: 282.417 speed: 434 wps
Epoch: 1 Train Perplexity: 268.124
Epoch: 1 Valid Perplexity: 180.210
Epoch: 2 Learning rate: 1.000
```

```
0.004 perplexity: 209.082 speed: 448 wps
0.104 perplexity: 150.589 speed: 437 wps
0.204 perplexity: 157.965 speed: 436 wps
0.304 perplexity: 152.896 speed: 453 wps
0.404 perplexity: 150.299 speed: 458 wps
0.504 perplexity: 147.984 speed: 462 wps
0.604 perplexity: 143.367 speed: 462 wps
0.703 perplexity: 141.246 speed: 446 wps
0.803 perplexity: 139.299 speed: 436 wps
0.903 perplexity: 135.632 speed: 435 wps
Epoch: 2 Train Perplexity: 133.576
Epoch: 2 Valid Perplexity: 143.072
. . . . . . . . . . . . . . . . . . . . . . . . . . .
Epoch: 12 Learning rate: 0.008
0.004 perplexity: 57.011 speed: 347 wps
0.104 perplexity: 41.305 speed: 356 wps
0.204 perplexity: 45.136 speed: 356 wps
0.304 perplexity: 43.386 speed: 357 wps
0.404 perplexity: 42.624 speed: 358 wps
0.504 perplexity: 41.980 speed: 358 wps
0.604 perplexity: 40.549 speed: 357 wps
0.703 perplexity: 39.943 speed: 357 wps
0.803 perplexity: 39.287 speed: 358 wps
0.903 perplexity: 37.949 speed: 359 wps
Epoch: 12 Train Perplexity: 37.125
Epoch: 12 Valid Perplexity: 123.571
Epoch: 13 Learning rate: 0.004
0.004 perplexity: 56.576 speed: 365 wps
0.104 perplexity: 40.989 speed: 358 wps
0.204 perplexity: 44.809 speed: 358 wps
0.304 perplexity: 43.082 speed: 356 wps
0.404 perplexity: 42.332 speed: 356 wps
0.504 perplexity: 41.694 speed: 356 wps
0.604 perplexity: 40.275 speed: 357 wps
0.703 perplexity: 39.673 speed: 356 wps
0.803 perplexity: 39.021 speed: 356 wps
0.903 perplexity: 37.690 speed: 356 wps
Epoch: 13 Train Perplexity: 36.869
Epoch: 13 Valid Perplexity: 123.358
Test Perplexity: 117.171
```

6.9 小结

本章简单介绍了RNN模型。RNN是一类神经网络，其中的单元直接连接成环。因此，可以利用这种特性处理时序数据。我们还讲解了LSTM架构。该架构的基本思想是改善RNN架构，使其拥有更明确的记忆。

LSTM网络包含特殊的隐藏单元，称为记忆元胞，其作用是长时间记忆前面的输入。这些元胞在每个时刻接收前面的状态和网络当前的输入数据作为输入。元胞将这些输入与当前的记忆内容相结合，用其他单元的门机制确定记忆中的哪些信息要删除、哪些信息要保留。人们证明，LSTM在长期依赖学习方面十分有用且有效。

于是，我们针对MNIST数据集图像分类问题，实现了两个循环神经网络模型——LSTM模型和双向RNN模型。

最后，我们展示了TensorFlow如何完成“预测字符序列中下一个字符”的复杂任务。

下一章将介绍GPU计算的一些基本问题。这项技术实际上是近年来深度学习开发的主要切入点。我们将介绍GPU的主要特性，并讲解如何在GPU上部署TensorFlow。

第7章 GPU计算

深度神经网络的结构十分均衡，所以网络的每个层中，数以千记的人工神经元都执行相同的计算。因此，DNN的结构非常适合高效的GPU计算。

GPU相比于CPU有十分明显的优势。GPU拥有更多计算单元，带宽也更高，能从内存中获取更多资源。

另外，在很多需要大量计算资源的深度学习应用中，GPU的图形化能力可以被进一步发掘，用于加速运算。

本章包含以下主题：

- GPGPU计算
- GPGPU的历史
- CUDA架构
- GPU编程模型
- TensorFlow中GPU的设置
- TensorFlow的GPU管理
- 在多GPU系统上分配单个GPU
- 使用多个GPU

7.1 GPGPU 计算

近些年来，人们才开始注意深度学习的发展，并将其置于机器学习领域的中心。这种现象出现的原因有很多。

其中一个原因——也许是主要原因——当然是硬件的发展。人们制造出了新的处理器，如**图形处理单元**，大大减少了训练网络所需的时间，将训练速度提高了10~20倍。

实际上，由于网络中每个神经元的连接权重都要经过数值计算得出，而网络的训练过程就是对权重进行调优的过程，所以可以想象，网络的复杂度将十分巨大，需要使用图形处理器进行实验。

7.2 GPGPU 的历史

图形处理单元通用计算是应用GPU处理非图形任务的一种技术。直到2006年，图形API的OpenGL和DirectX标准仍是GPU编程的唯一方式。如果试图编写程序进行自定义计算，可能会被这些API所限制。

GPU最初的设计是，使用一种名为**像素着色器**的可编程算术单元，为屏幕上的每个像素显示一种颜色。后来开发人员发现，如果输入的是不代表像素颜色的数值型数据，那么可以对像素着色器进行编程，实现任意运算。

这样，GPU就相当于被“欺骗”了：表面上是在进行常规的渲染操作，实际上是在执行用户定义的计算。通过“欺骗”的方式利用GPU资源虽然很巧妙，但也十分复杂，不够直白。

另外，这种方式还有内存限制。程序只能接收很少的颜色和材质单元作为输入数据。人们难以想象GPU如何处理浮点型数据（如果能够处理的话），所以很多科学计算是无法利用GPU资源的。

如果想要利用GPU解决数值型问题，那么必须学习OpenGL或DirectX，因为这是和GPU通信的唯一方式。

7.3 CUDA 架构

2006年，NVIDIA发布了第一款支持DirectX 10的GPU——GeForce 8800GTX。这也是第一个使用CUDA架构的GPU。该架构包含几个新的组件，专门为GPU运算设计，致力于解除在GPU上进行非图形计算的限制。实际上，该GPU上的执行单元可以读写任意内存，并可以访问软件中保留的一种名为**共享内存**的缓存。CUDA GPU中添加的这些架构特性在通用计算和传统图形任务上都表现优秀。

图7-1总结了**图形处理单元**和**中央处理单元**中不同组件的空间分配。可以看到，GPU含有更多处理数据的晶体管。GPU高度并行、多线程，拥有很多核心处理器。

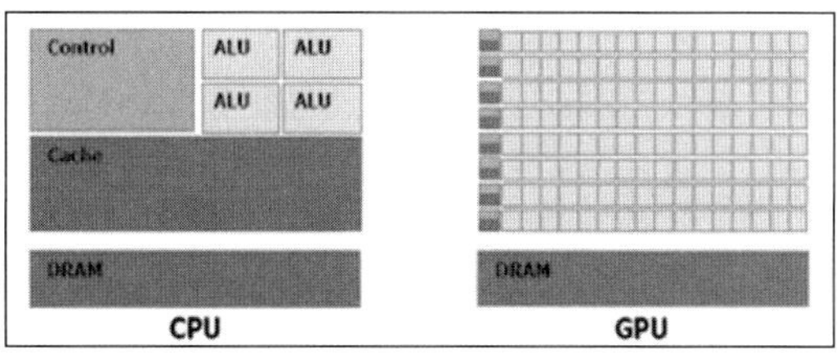

图7-1　CPU和GPU架构对比

在GPU中，除了缓存和控制单元，几乎所有空间都分配给算术逻辑单元ALU，这使得GPU十分适用于进行大量数据的重复运算。GPU访问的是本地存储器，并通过总线（现在是**PCI Express总线**）与系统（即CPU）相连接。

图形芯片包含一系列多处理机，即**流式多处理机**。

这些多处理机的数量取决于每个GPU的具体特征和性能类。

每个多处理机都是依次由流处理器（或核心）组成的。这些处理器中的每一个都可以执行基本的整型、单精度或双精度浮点型算术操作。

7.4　GPU编程模型

现在有必要介绍一些CUDA编程模型的基本概念，以方便理解。第一个特征是主机和设备之间的不同。

主机端执行的代码即是CPU加上RAM和硬盘上执行的那一部分。

而设备上执行的代码会自动加载到图形卡，并在其上执行。另一个重要的概念是内核，表示一个由主机生成并在设备上执行的函数。

核心上定义的代码会被一列线程并行化。图7-2总结了GPU编程模型的工作机制：

- 运行的程序有一部分源代码在CPU上执行、一部分在GPU上执行；
- CPU和GPU的存储器是分开的；
- 数据由CPU传输到GPU执行计算；
- GPU计算得出的数据输出会被复制回CPU的存储器。

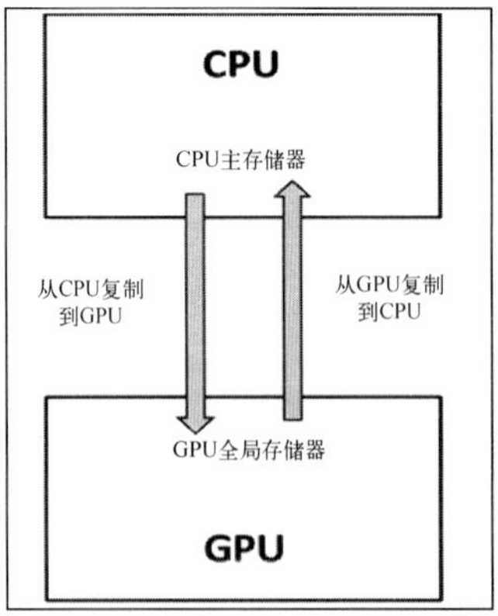

图7-2　GPU编程模型

7.5 TensorFlow 中 GPU 的设置

NVIDIA深度学习SDK为深度学习框架（如Caffe、CNTK、TensorFlow、Theano和Torch）开发者、GPU加速深度学习应用设计和部署人员提供了很多有力的工具和库。该SDK包含许多库，用于深度学习原始模型开发、推理、视频分析、线性代数、稀疏矩阵和多GPU通信等。现在的版本支持以下SDK。

- **深度学习原始模型**：构建深度神经网络应用的高性能组件，包含卷积、激活函数和张量变换。（https://developer.nvidia.com/cudnn）
- **深度学习推理引擎**：用于产品部署的高性能深度学习推理引擎。（https://developer.nvidia.com/tensorrt）
- **深度学习视频分析**：GPU加速转码和深度学习推理的高级C++ API和运行环境。（https://developer.nvidia.com/deepstream-sdk）
- **线性代数**：GPU加速BLAS功能，比只包含CPU的BLAS库加速6~17倍。（https://developer.nvidia.com/cublas）XLA是一个针对线性代数的领域特定编译器，可以优化TensorFlow的运算。虽然这一功能还在测试阶段（即仍在开发中），但它确实可以加速运算、减少内存使用量，并增加了在服务器和移动平台上的灵活性。（https://www.tensorflow.org/performance/xla/）
- **稀疏矩阵操作**：针对稀疏矩阵的GPU加速线性代数子程序，可以比CPU BLAS（MKL）的性能提升8倍，对于诸如自然语言处理等的应用非常理想。（https://developer.nvidia.com/cusparse）
- **多GPU通信**：聚合通信例行程序（如all-together、reduce和broadcast等），可以加速多GPU深度学习训练，最多可支持8个GPU。（https://github.com/NVIDIA/nccl）

深度学习SDK需要CUDA工具包（https://developer.nvidia.com/cuda-toolkit），该工具包为构建新的GPU加速深度学习算法提供了系统的开发环境，可大大提高已有应用的性能。

为使用启用NVIDIA GPU的TensorFlow，第一步是要安装CUDA工具包。

请至https://developer.nvidia.com/cuda-downloads查看具体安装方式。

CUDA工具包安装完成后，需要从https://developer.nvidia.com/cudnn下载Linux版cuDNN v5.1库。

TIP

包含cuDNN GPU计算的TensorFlow和Bazel的具体安装步骤请见http://www.nvidia.com/object/gpu-accelerated-applications-tensorflow-installation.html。

cuDNN是一个加速深度学习框架（如TensorFlow或Theano）的库。下面是NVIDIA网站上对该库的简短介绍。

NAVIDIA **CUDA®神经网络库（cuDNN）**是一个DNN原始模型的GPU加速库。cuDNN为标准例行程序——前向和后向卷积、池化、归一化和激活层——提供了高度协调的实现。cuDNN是NVIDIA深度学习SDK的一部分。

安装前，需要先注册NVIDIA的**加速运算开发者项目**。注册后登录，将cuDNN5.1下载到你的计算机。

> 在本书的写作过程中，最新的cuDNN版本是5.1，发布于2017年1月20日，支持CUDA 8.0。若要了解更多信息，请参见https://developer.nvidia.com/rdp/cudnn-download。你应该可以在下载页面看到图7-3中的选项。

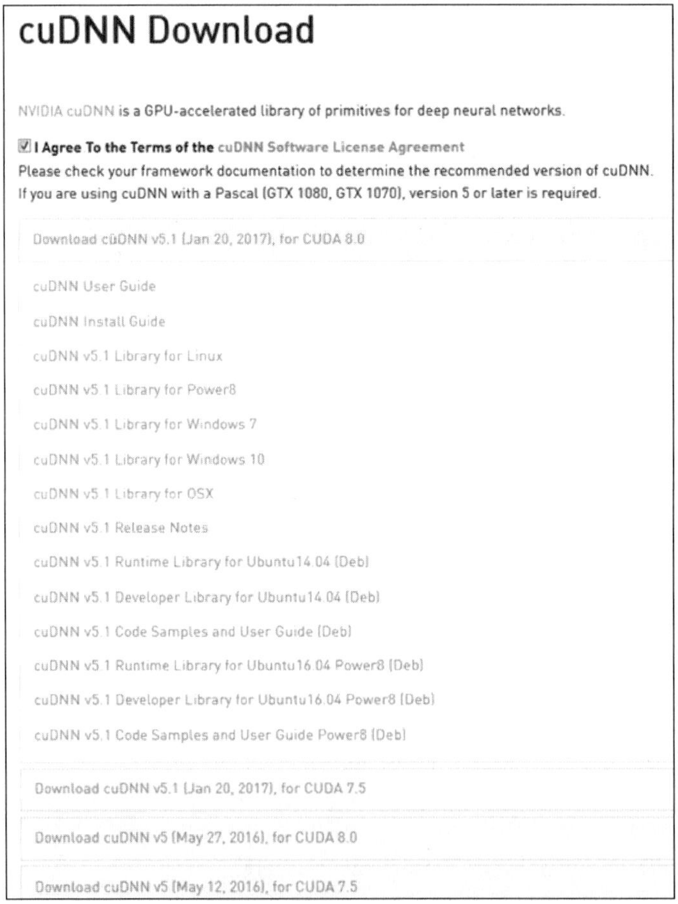

图7-3　cuDNN下载页面

如图7-3所示，你需要选择平台/系统类型。下面的命令适用于在Linux上的安装。现在下载cuDNN，解压文件并将其复制到CUDA工具包目录下（假设此处为/usr/local/cuda/）：

```
$ sudo tar -xvf cudnn-8.0-linux-x64-v5.1-rc.tgz -C /usr/local
```

更新 TensorFlow

假设你使用TensorFlow构建DNN模型。只需使用`pip`及升级标签，便可升级TensorFlow。

假设你现在使用的TensorFlow版本为1.0.1：

```
pip install - upgrade
https://storage.googleapis.com/tensorflow/linux/gpu/tensorflow-0.10.0rc0-cp27-none
-linux_x86_64.whl
```

现在，你应该已经得到运行GPU模型需要的所有组件。

对于其他系统版本、Python版本或CPU、GPU支持，请见https://www.tensorflow.org/install/install_linux#the_url_of_the_tensorflow_python_package

7.6 TensorFlow 的 GPU 管理

在TensorFlow中，支持的设备被表示为字符串。

- `/cup:0`：你机器中的CPU
- `/gpu:0`：你机器中的GPU（如果有一个的话）
- `/gpu:1`：你机器中的第二个GPU，等等。

当一个操作被分配给GPU设备时，执行流是有优先级的。

程序示例

若要在TensorFlow程序中使用GPU，只需在设置操作后输入如下语句：

```
with tf.device("/gpu:0"):
```

这行代码会创建一个新的上下文管理器，告诉TensorFlow在GPU上执行操作。

考虑以下例子：执行下述两个矩阵的求和A^n+B^n。

定义导入的基本库：

```
import numpy as np
import tensorflow as tf
import datetime
```

可以写一段程序，查看你的操作和张量被分配到哪一个设备。为实现这一操作，使用下述命令创建一个会话，将`log_device_placement`参数设置为`True`：

```
log_device_placement = True
```

然后确定参数`n`，即需要执行的乘法次数：

```
n = 10
```

之后创建一个随机的大型矩阵。使用NumPy中的`rand`函数执行这一操作：

```
A = np.random.rand(10000, 10000).astype('float32')
B = np.random.rand(10000, 10000).astype('float32')
```

`A`和`B`的大小分别为`10 000×10 000`。

下面的数组将用于存储运算结果：

```
c1 = []
c2 = []
```

此处定义内核矩阵乘法函数，将由GPU执行：

```
def matpow(M, n):
    if n < 1:
        return M
    else:
        return tf.matmul(M, matpow(M, n-1))
```

之前提到过，必须设置使用哪个GPU，以及用此GPU执行何种操作。

本例中，GPU将计算A^n+B^n，并将结果保存在`c1`中：

```
with tf.device('/gpu:0'):
a = tf.placeholder(tf.float32, [10000, 10000])
b = tf.placeholder(tf.float32, [10000, 10000])
c1.append(matpow(a, n))
c1.append(matpow(b, n))
```

> TIP 如果上述代码无法运行，那么使用/job:localhost/replica:0/task:0/cpu:0作为GPU设备（即代码将会在CPU上执行）。

所有元素的和，即A^n+B^n，储存在`c1`中。求和操作由CPU执行，因此我们定义如下：

```
with tf.device('/cpu:0'):
  sum = tf.add_n(c1)
```

`datetime`类统计代码的执行时间：

```
t1_1 = datetime.datetime.now()
with tf.Session(config=tf.ConfigProto\
            (log_device_placement=log_device_placement)) as sess:
```

```
    sess.run(sum, {a:A, b:B})
t2_1 = datetime.datetime.now()
```

运算时间由以下语句显示：

```
print("GPU computation time: " + str(t2_1-t1_1))
```

我使用的图形卡为GeForce 840M，结果如下：

```
GPU computation time: 0:00:13.816644
```

GPU计算源代码

以下是前述示例的完整代码：

```
import numpy as np
import tensorflow as tf
import datetime

log_device_placement = True

n = 10

A = np.random.rand(10000, 10000).astype('float32')
B = np.random.rand(10000, 10000).astype('float32')

c1 = []
c2 = []

def matpow(M, n):
    if n < 1: #Abstract cases where n < 1
        return M
    else:
        return tf.matmul(M, matpow(M, n-1))

with tf.device('/gpu:0'):
    a = tf.placeholder(tf.float32, [10000, 10000])
    b = tf.placeholder(tf.float32, [10000, 10000])
    c1.append(matpow(a, n))
    c1.append(matpow(b, n))

with tf.device('/cpu:0'):
    sum = tf.add_n(c1) #Addition of all elements in c1, i.e. A^n + B^n

t1_1 = datetime.datetime.now()
with tf.Session(config=tf.ConfigProto\
            (log_device_placement=log_device_placement)) as sess:
    sess.run(sum, {a:A, b:B})
t2_1 = datetime.datetime.now()
```

TIP 如果上述代码无法工作，或你的设备上没有GPU支持，那么使用/job:localhost/replica:0/task:0/cpu:0作为GPU设备。

7.7　GPU 内存管理

在一些情况下，可能会需要只分配现有内存的一个小子集，或只在需要的时候增大内存。TensorFlow提供了两个会话中的设置选项，以控制内存。第一个是allow_growth选项，功能是只分配运行需要的GPU内存。开始时，分配的内存非常少；随着会话开始运行、需要的GPU内存增多，我们就增加分配给TensorFlow进程的内存数量。

注意，此处不释放内存，因为这样会使内存碎片化更为严重。如果要开启这一功能，需要设置ConfigProto：

```
config = tf.ConfigProto()
config.gpu_options.allow_growth = True
session = tf.Session(config=config, ...)
```

第二个方法是per_process_gpu_memory_fraction选项，决定了每个可用的GPU需要分配的总内存比例。

例如，你可以使用下述语句，只给TensorFlow分配每个GPU总内存的40%：

```
config = tf.ConfigProto()
config.gpu_options.per_process_gpu_memory_fraction = 0.4
session = tf.Session(config=config, ...)
```

上述语句用于限制TensorFlow进程的GPU内存使用量。

7.8　在多 GPU 系统上分配单个 GPU

如果你的系统里有超过一个GPU，那么TensorFlow会默认选取ID最小的那一块。如果你希望程序在不同的GPU上运行，那么需要进行手动设置，明确指定所用GPU。

例如，可以使用前面讲过的代码更改GPU分配：

```
with tf.device('/gpu:1'):
    a = tf.placeholder(tf.float32, [10000, 10000])
    b = tf.placeholder(tf.float32, [10000, 10000])
    c1.append(matpow(a, n))
    c1.append(matpow(b, n))
```

通过这种方式，我们让GPU执行了内核函数。

如果指定的设备不存在（比如我的例子里那样），你将会在控制台（或终端）收到如下错误信息：

```
InvalidArgumentError :
InvalidArgumentError (see above for traceback): Cannot assign a device to
node 'Placeholder_1': Could not satisfy explicit device specification
```

```
'/device:GPU:1' because no devices matching that specification are
registered in this process; available devices:
/job:localhost/replica:0/task:0/cpu:0
[[Node: Placeholder_1 = Placeholder[dtype=DT_FLOAT, shape=[100,100],
_device="/device:GPU:1"]()]]
```

如果希望在指定设备不存在的情况下，TensorFlow能够自动选择已有的、支持的设备运行操作，那么可以将`allow_soft_placement`参数设置为`True`：

```
with tf.Session(config=tf.ConfigProto\
                (allow_soft_placement=True,\
                log_device_placement=log_device_placement))\
                as sess:
```

使用这种方法，运行会话时就不会显示`InvalidArgumentError`，而是显示一个正确的结果。在我们的例子中，延迟一小会儿后，结果显示如下：

```
GPU computation time: 0:00:15.006644
```

带有软放置的 GPU 源代码

为加深理解，现将本例完整源代码展示如下：

```
import numpy as np
import tensorflow as tf
import datetime

log_device_placement = True
n = 10

A = np.random.rand(10000, 10000).astype('float32')
B = np.random.rand(10000, 10000).astype('float32')

c1 = []

def matpow(M, n):
    if n < 1: #Abstract cases where n < 1
        return M
    else:
        return tf.matmul(M, matpow(M, n-1))

with tf.device('/gpu:1'):
    a = tf.placeholder(tf.float32, [10000, 10000])
    b = tf.placeholder(tf.float32, [10000, 10000])
    c1.append(matpow(a, n))
    c1.append(matpow(b, n))

with tf.device('/cpu:0'):
    sum = tf.add_n(c1)

t1_1 = datetime.datetime.now()
```

7

```
with tf.Session(config=tf.ConfigProto\
                (allow_soft_placement=True,\
                log_device_placement=log_device_placement))\
                as sess:
     sess.run(sum, {a:A, b:B})
t2_1 = datetime.datetime.now()
```

7.9　使用多个 GPU

如果你希望在多个GPU上运行TensorFlow，那么可以在构建模型时将特定代码段分配给不同GPU。例如，如果你有两个GPU，那么可以将前面的代码进行如下分割，将第一个矩阵运算分配给第一个CPU。代码如下：

```
with tf.device('/gpu:0'):
    a = tf.placeholder(tf.float32, [10000, 10000])
    c1.append(matpow(a, n))
```

第二个矩阵运算被分配给第二个CPU：

```
with tf.device('/gpu:1'):
    b = tf.placeholder(tf.float32, [10000, 10000])
    c1.append(matpow(b, n))
```

最后，CPU会管理程序的结果。另外需要注意，我们使用了共享的c1数组来收集结果：

```
with tf.device('/cpu:0'):
    sum = tf.add_n(c1)
    print(sum)
```

多 GPU 管理源代码

完整源代码如下：

```
import numpy as np
import tensorflow as tf
import datetime

log_device_placement = True
n = 10

A = np.random.rand(10000, 10000).astype('float32')
B = np.random.rand(10000, 10000).astype('float32')

c1 = []

def matpow(M, n):
    if n < 1: #Abstract cases where n < 1
        return M
    else:
```

```
        return tf.matmul(M, matpow(M, n-1))

#FIRST GPU
with tf.device('/gpu:0'):
    a = tf.placeholder(tf.float32, [10000, 10000])
    c1.append(matpow(a, n))

#SECOND GPU
with tf.device('/gpu:1'):
    b = tf.placeholder(tf.float32, [10000, 10000])
    c1.append(matpow(b, n))

with tf.device('/cpu:0'):
    sum = tf.add_n(c1)

t1_1 = datetime.datetime.now()
with tf.Session(config=tf.ConfigProto\
                (allow_soft_placement=True,\
                log_device_placement=log_device_placement))\
                as sess:
     sess.run(sum, {a:A, b:B})
t2_1 = datetime.datetime.now()
```

7.10 小结

GPU是一种特殊的硬件组件，原本开发用于图形应用。然而人们逐渐发现，GPU可以用于DNN架构中的运算。

本章后半部分讲解了如何安装TensorFlow的GPU启用版本，以及如何管理GPU设备。

下一章将讨论一些高级编程特性，将TensorFlow与其他第三方工具，如Keras、PrettyTensor和TFLearn等联合使用。另外，还会简单介绍一些基于TensorFlow的框架——Keras、PrettyTensor和TFLearn。

我们会讲解这些框架的基本特点，并举出一些有趣的应用示例。

第 8 章

TensorFlow高级编程

深度学习网络的发展，尤其是测试新模型时，可能需要快速成型技术。出于这一原因，人们开发了几个基于TensorFlow的库，将许多编程概念抽象出来，提供其高层次的生成构件。

本章将介绍一些基于TensorFlow的框架，如Keras、Pretty Tensor和TFLearn。

对于每个库，我们会介绍其主要特征，并给出一个应用示例。

本章组织如下：

- Keras简介
- 构建深度学习模型
- 影评的情感分类
- 添加一个卷积层
- Pretty Tensor
- 数字分类器
- TFLearn
- 泰坦尼克号幸存者预测器

8.1 Keras 简介

Keras是一个极简的高级神经网络库，运行于TensorFlow之上。其开发目的是让人们更方便地进行快速成型和实验。Keras支持Python 2.7或3.5，并可以在给定框架下无缝执行于GPU和CPU之上。Keras发行于MIT许可证下。

Keras由谷歌工程师弗朗索瓦·乔克开发和维护，其设计基于以下原则。

- **模块化**：模型被理解为独立的、完全可配置的模块的一个序列或一个图。这些模块可以被连接在一起，灵活性很高。神经层、代价函数、优化器、初始化模式和激活函数都是独立的模块，可以组合在一起形成新的模型。

- **极简性**：每个模块必须很短（仅几行代码），且很简单。源代码必须透明，可直接阅读。
- **可扩展性**：添加新的模块（作为新的类和函数）要很容易，且已有的模块要提供示例。方便添加新模块可增加代码表现力，使Keras十分适用于高级研究。
- **Python**：禁止声明形式的分离模型配置文件。模型以Python代码描述，因为该语言比较致密、易调试，且扩展方便。

图8-1为Keras的主页。

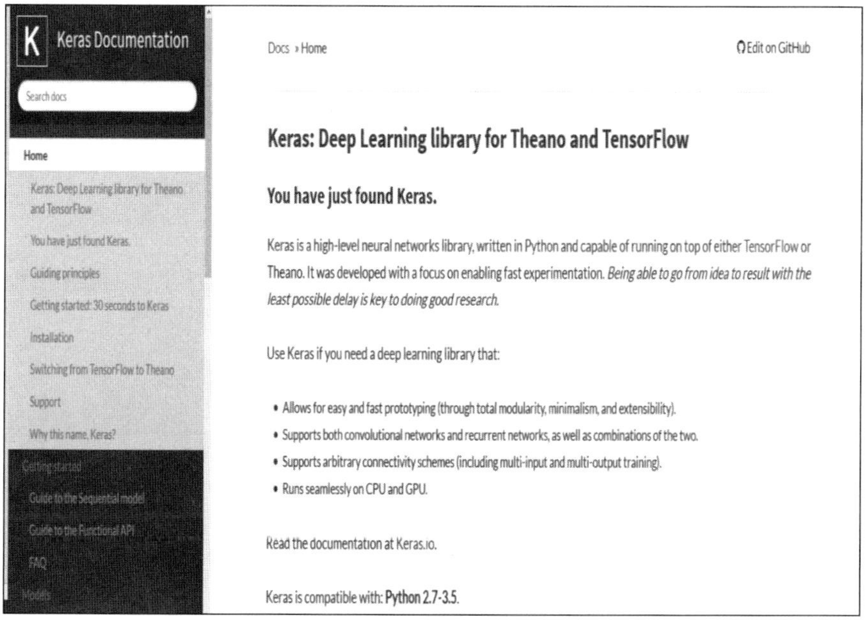

图8-1 Keras主页

安装

要安装Keras，你的系统上必须已安装TensorFlow。Keras可通过`pip`安装，命令如下：

```
sudo pip install keras
```

对于Python 3+，使用以下命令：

```
sudo pip3 install keras
```

在本书的写作过程中，Keras的最新版本为2.0.2。你可以使用以下语句，在命令行中查看你的Keras版本：

```
python -c "import keras; print keras.__version__"
```

运行上述脚本，你将看到如下输出：

```
2.0.2
```

也可以使用相同的方法升级你的Keras版本：

```
sudo pip install --upgrade keras
```

8.2　构建深度学习模型

Keras的核心数据结构是一个模型，用于组织网络层。模型分为两种类型。

- **时序型**：模型的主要类型。只是网络层的一个线性栈。
- **Keras函数式API**：用于更复杂的架构。

可以如下方式定义一个时序模型：

```
from keras.models import Sequential
model = Sequential()
```

定义模型后，可以添加一个或多个网络层。栈操作由`add()`语句提供：

```
from keras.layers import Dense, Activation
```

例如，使用以下语句添加第一个全连接NN层和激活函数：

```
model.add(Dense(output_dim=64, input_dim=100))
model.add(Activation("relu"))
```

然后再添加一个`softmax`层：

```
model.add(Dense(output_dim=10))
model.add(Activation("softmax"))
```

如果模型看起来没有问题，则需要使用`model.compile`函数编译模型，指定模型使用的`loss`函数和`optimizer`函数：

```
model.compile(loss='categorical_crossentropy',\
              optimizer='sgd',\
              metrics=['accuracy'])
```

然后对优化器进行设置。Keras的目标是使编程更加简单方便，使用户在需要时完全控制模型。编译后，模型需要与数据拟合：

```
model.fit(X_train, Y_train, nb_epoch=5, batch_size=32
```

或者可以将数据分批次手动馈给你的模型：

```
model.train_on_batch(X_batch, Y_batch)
```

训练后，可以使用你的模型预测新数据：

```
classes = model.predict_classes(X_test, batch_size=32)
proba = model.predict_proba(X_test, batch_size=32)
```

利用Keras构建深度学习模型的过程总结如下。

(1) **定义模型**：创建序列并添加网络层。

(2) **编译模型**：指定损失函数和优化器。

(3) **拟合模型**：使用数据执行模型。

(4) **评估模型**：对你的训练数据集进行评估。

(5) **进行预测**：使用模型对新数据进行预测。

图8-2直观描述了上述过程。

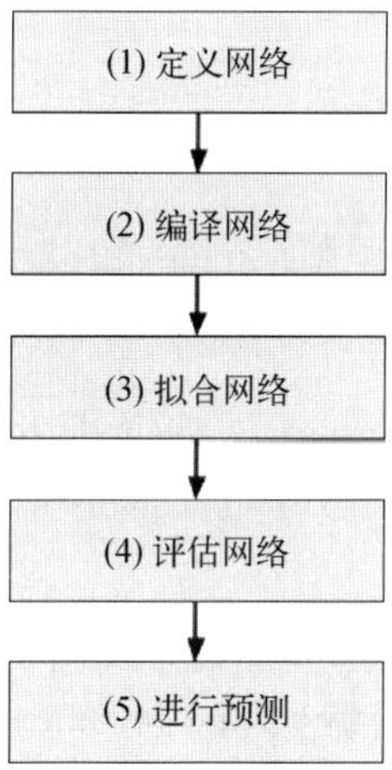

图8-2　Keras编程模型

下一节将介绍如何使用Keras的时序模型研究电影评论的情感分类问题。

8.3　影评的情感分类

情感分析指的是，从书面或口头文本解码其中包含的意见。这种技术的主要目的是，识别词汇表达的情感（或抽象成极端表示），识别结果可能是中立、积极或消极含义。

我们想要解决的是IMDB影视评论情感分类问题。每条电影评论都是一个单词变量序列，需要将这些影评按照情感（积极或消极）进行分类。

该问题十分复杂，因为序列长度不尽相同；另外，输入符号中包含的词汇也多种多样。

要解决这一问题，模型需要学习输入序列中的长期依赖。

IMDB数据集包含25 000条高度极端化的电影评论（好或坏）作为训练集，另有同样数量的数据作为测试集。数据集由斯坦福研究人员收集，并在2011年的一篇论文里使用。当时，他们将数据集分为两等份，分别用于训练和测试。在这篇论文里，分类准确率达到了88.90%。

定义了我们的问题后，即可开始构建一个LSTM模型来对影评进行情感分类。可以为IMDB问题快速开发一个LSTM模型，并获得很好的分类准确率。

先导入模型需要的类和函数，并初始化随机数生成器为一个常数值，以确保可以方便复现实验结果：

```
import numpy
from keras.datasets import imdb
from keras.models import Sequential
from keras.layers import Dense
from keras.layers import LSTM
from keras.layers.embeddings import Embedding
from keras.preprocessing import sequence
numpy.random.seed(7)
```

然后加载IMDB数据集。将数据集限制在5000词以内。另外，也将数据集分为训练集（50%）和测试集（50%）。

> Keras内置了IMDb数据集（http://www.imdb.com/interfaces）的访问入口。你也可以从Kaggle网站（https://www.kaggle.com/deepmatrix/imdb-5000-movie-dataset）下载IMDB数据集。

`imdb.load_data()`函数允许将数据集加载为神经网络和深度学习模型适用的格式。单词已被替换为整数，代表每个单词在该数据集中的有序频率。这样，每条影评中的句子就被转换为一个整数序列。

代码如下：

```
top_words = 5000\
(X_train, y_train), (X_test, y_test) =\
                        imdb.load_data(nb_words=top_words)
```

接下来，需要截短/填充每个输入序列，使它们长度相同，方便建模。模型会学习输入中不包含任何信息的0值，因为虽然序列的内容并不一样长，但使用Keras进行计算时，输入数组必须拥有相同长度。每条影评中的序列长度不同，所以我们将每条影评限制为500词，将长于500词的评论截短，短于500词的评论用0值填充。

代码如下：

```
max_review_length = 500\
X_train = sequence.pad_sequences\
                    (X_train, maxlen=max_review_length)
X_test = sequence.pad_sequences\
                    (X_test, maxlen=max_review_length)
```

现在，开始定义、编译并拟合我们的LSTM模型。

为解决情感分类问题，我们将使用词嵌入技术，即将单词映射到一个连续的向量空间中，语义相近的单词会被映射到该空间内的相邻点上。词嵌入基于分布假设，即给定的上下文中出现的单词一定有相同的语义特征。这样，每条影评将会被映射到一个实向量域内，单词间的语义相似性因此被转换为向量空间中的点之间的距离。Keras提供了一种方便的方式，可以将单词的整数表示用一个嵌入层转换为词嵌入。

下面定义嵌入向量的长度以及模型：

```
embedding_vector_length = 32
model = Sequential()
```

第一层为嵌入层，使用长度为32的向量表示每个单词：

```
model.add(Embedding(top_words,\
                    embedding_vector_length,\
                    input_length=max_review_length))
```

下一个层为LSTM层，含有100个记忆单元。最后，由于需要解决的是一个分类问题，我们使用仅含有一个神经元的Dense输出层和一个sigmoid激活函数进行二元预测。其中0和1分别代表问题中的两个类（好或坏）：

```
model.add(LSTM(100))
model.add(Dense(1, activation='sigmoid'))
```

由于这是一个二元分类问题，所以使用binary_crossentropy函数作为loss函数，而optimizer函数采用adam优化算法（本书前几章的TensorFlow代码中使用过该算法）：

```
model.compile(loss='binary_crossentropy',\
              optimizer='adam',\
              metrics=['accuracy'])
print(model.summary())
```

我们只拟合3个训练时期，因为该问题会很快过拟合。将每64个影评分为一批，进行权重更新：

```
model.fit(X_train, y_train, \
            validation_data=(X_test, y_test),\
              nb_epoch=3,\
                batch_size=64)
```

然后，评估该模型在测试影评上的表现：

```
scores = model.evaluate(X_test, y_test, verbose=0)
print("Accuracy: %.2f%%" % (scores[1]*100))
```

运行该示例，可得到以下输出：

```
Epoch 1/3
16750/16750 [==============================] - 107s - loss: 0.5570 - acc:
0.7149
Epoch 2/3
16750/16750 [==============================] - 107s - loss: 0.3530 - acc:
0.8577
Epoch 3/3
16750/16750 [==============================] - 107s - loss: 0.2559 - acc:
0.9019
Accuracy: 86.79%
```

可以看到，如此简单的LSTM模型稍加调整，就可以在IMDB问题上得出与最新研究准确率相近的结果。更重要的是，有了这个模板，你可以构建LSTM网络解决自己的序列分类问题。

Keras 电影分类器源代码

下面给出该问题的完整源代码。可以看到，代码非常简短。不过，如果你收到错误信息，称找不到keras.datasets模块之类，则需要使用以下命令安装keras包：

```
$ sudo pip install keras
```

或者，你可以从https://pypi.python.org/pypi/Keras下载Keras的源代码，解压文件，使用Python3（在keras文件夹内）通过如下命令运行源代码：python keras_movie_classifier_1.py

```
import numpy
from keras.datasets import imdb
from keras.models import Sequential
from keras.layers import Dense
from keras.layers import LSTM
from keras.layers.embeddings import Embedding
from keras.preprocessing import sequence

# fix random seed for reproducibility
numpy.random.seed(7)

# load the dataset but only keep the top n words, zero the rest
top_words = 5000
(X_train, y_train), (X_test, y_test) =\
                             imdb.load_data(nb_words=top_words)
# truncate and pad input sequences
max_review_length = 500
X_train = sequence.pad_sequences(X_train, maxlen=max_review_length)
X_test = sequence.pad_sequences(X_test, maxlen=max_review_length)
```

```
# create the model
embedding_vector_length = 32
model = Sequential()
model.add(Embedding(top_words, embedding_vector_length,\
                        input_length=max_review_length))
model.add(LSTM(100))
model.add(Dense(1, activation='sigmoid'))
model.compile(loss='binary_crossentropy',\
                optimizer='adam',\
                    metrics=['accuracy'])
print(model.summary())

model.fit(X_train, y_train,\
    validation_data=(X_test, y_test),\
        nb_epoch=3, batch_size=64)

# Final evaluation of the model
scores = model.evaluate(X_test, y_test, verbose=0)

print("Accuracy: %.2f%%" % (scores[1]*100))
```

8.4 添加一个卷积层

可以在嵌入层后添加一维CNN和最大池化层，这些层可以将强化的特征馈给LSTM网络。

以下是我们的嵌入层：

```
model = Sequential()
model.add(Embedding(top_words,\
           embedding_vector_length,\
              input_length=max_review_length))
```

可以添加一个卷积核大小（`filter_length`）为3的小卷积核卷积层，带有32个输出特征（`nb_filter`）：

```
model.add(Conv1D (padding="same", activation="relu", kernel_size=3,\
num_filter=32))
```

接下来，添加一个池化层。最大池化的应用范围大小为2：

```
model.add(GlobalMaxPooling1D ())
```

下一个层为LSTM层，含有100个记忆单元：

```
model.add(LSTM(100))
```

最后的层为一个Dense输出层，含有一个神经元和一个sigmoid激活函数，用来给出预测结果0或1，代表问题中的（好或坏）两个类（亦即这是一个二元分类问题）：

```
model.add(Dense(1, activation='sigmoid'))
```

运行该示例，得到以下输出：

```
Epoch 1/3
16750/16750 [==============================] - 58s - loss: 0.5186 - acc:
0.7263
Epoch 2/3
16750/16750 [==============================] - 58s - loss: 0.2946 - acc:
0.8825
Epoch 3/3
16750/16750 [==============================] - 58s - loss:
0.2291 - acc: 0.9126
Accuracy: 86.36%
```

获得的结果比我们前面的模型有微小的改进。

含有卷积层的电影分类器源代码

前述例子的完整源代码如下：

```
import numpy
from keras.datasets import imdb
from keras.models import Sequential
from keras.layers import Dense
from keras.layers import LSTM
from keras.layers.embeddings import Embedding
from keras.preprocessing import sequence
from keras.layers import Conv1D, GlobalMaxPooling1D

# fix random seed for reproducibility
numpy.random.seed(7)

# load the dataset but only keep the top n words, zero the rest
top_words = 5000
(X_train, y_train), (X_test, y_test) =\
                            imdb.load_data(num_words=top_words)

# truncate and pad input sequences
max_review_length = 500
X_train = sequence.pad_sequences(X_train, maxlen=max_review_length)
X_test = sequence.pad_sequences(X_test, maxlen=max_review_length)

# create the model
embedding_vector_length = 32
model = Sequential()
model.add(Embedding(top_words, embedding_vector_length,\
                        input_length=max_review_length))
model.add(Conv1D (padding="same", activation="relu", kernel_size=3,\
num_filter=32))
model.add(GlobalMaxPooling1D ())

model.add(LSTM(100))
model.add(Dense(1, activation='sigmoid'))
```

```
model.compile(loss='binary_crossentropy',\
                 optimizer='adam',\
                    metrics=['accuracy'])
print(model.summary())

model.fit(X_train, y_train,\
     validation_data=(X_test, y_test),\
            nb_epoch=3, batch_size=64)

# Final evaluation of the model
scores = model.evaluate(X_test, y_test, verbose=0)

print("Accuracy: %.2f%%" % (scores[1]*100))
```

8.5 Pretty Tensor

Pretty Tensor允许开发者将TensorFlow操作封装起来，以便快速链接任意数量的网络层，以定义神经网络。

下面这个简单的例子展示了Pretty Tensor的功能。我们将一个标准TensorFlow对象`pretty`封装成一个库编译对象，然后将其馈给3个全连接层，最终输出一个softmax分布：

```
pretty = tf.placeholder([None, 784], tf.float32)
softmax = (prettytensor.wrap(examples)\
 .fully_connected(256, tf.nn.relu)\
 .fully_connected(128, tf.sigmoid)\
 .fully_connected(64, tf.tanh)\
 .softmax(10))
```

Pretty Tensor的安装过程十分简单。只需输入以下`pip`命令：

```
sudo pip install prettytensor
```

层的链接

Pretty Tensor含有3种操作模式，都可以用来链接网络层。

1. 正常模式

在正常模式中，每次调用一个方法时，会创建一个新的Pretty Tensor。这样可以使链接变得简单方便，而且你仍可以多次使用任意的对象。这样，你能够方便地对网络进行分支。

2. 时序模式

时序模式中会有一个内部变量——头，用于追踪最近的输出张量，因此可以将链的调用分成多个语句。

以下是一个小例子：

```
seq = pretty_tensor.wrap(input_data).sequential()
seq.flatten()
seq.fully_connected(200, activation_fn=tf.nn.relu)
seq.fully_connected(10, activation_fn=None)
result = seq.softmax(labels, name=softmax_name))
```

3. 分支联结

使用一流的分支联结方法，可以构建复杂的网络。

- 分支操作会创建一个独立的Pretty Tensor对象，在被调用时指向当前的头。这样，用户可以定义一个独立的tower，该tower可以终止于一个回归目标、输出或网络的联结处。联结操作允许用户定义复合的网络层，如inception层。
- 联结操作用于联结多个输入或重新组合一个复合层。

8.6 数字分类器

本例中，我们将定义并训练一个LeNet 5风格的二层模型或卷积模型：

```
from six.moves import xrange
import tensorflow as tf
import prettytensor as pt
from prettytensor.tutorial import data_utils

tf.app.flags.DEFINE_string(\
            'save_path', None, 'Where to save the model checkpoints.')
FLAGS = tf.app.flags.FLAGS

BATCH_SIZE = 50
EPOCH_SIZE = 60000 // BATCH_SIZE
TEST_SIZE = 10000 // BATCH_SIZE
```

由于馈给网络的数据为numpy数组形式，所以需要在图中创建占位符，通过feed dict完成馈给操作：

```
image_placeholder = tf.placeholder\
                        (tf.float32, [BATCH_SIZE, 28, 28, 1])
labels_placeholder = tf.placeholder\
                        (tf.float32, [BATCH_SIZE, 10])

tf.app.flags.DEFINE_string('model', 'full',\
                            'Choose one of the models, either\
                            full or conv')
FLAGS = tf.app.flags.FLAGS
```

然后创建下述multilayer_fully_connected函数。前两个层为全连接层（100个神经元），最后一个层为softmax结果层。注意，层的链接是一个十分简单的操作：

```
def multilayer_fully_connected(images, labels):
images = pt.wrap(images)
  with pt.defaults_scope\
          (activation_fn=tf.nn.relu,l2loss=0.00001):

    return(images.flatten().\
           fully_connected(100).\
           fully_connected(100).\
           softmax_classifier(10,labels))
```

下面构建一个多层卷积网络，其架构与LeNet 5类似。你也可以将该架构替换，体验一下其他架构：

```
def lenet5(images, labels):
images = pt.wrap(images)
  with pt.defaults_scope\
          (activation_fn=tf.nn.relu, l2loss=0.00001):

    return (images.conv2d(5, 20).\
            max_pool(2, 2).\
            conv2d(5, 50).\
            max_pool(2, 2). \
            flatten().\
            fully_connected(500).\
            softmax_classifier(10, labels))
```

由于我们馈给网络的数据为numpy数组形式，所以需要在图中创建占位符，通过feed dict完成馈给操作：

```
def main(_=None):
    image_placeholder = tf.placeholder\
                        (tf.float32, [BATCH_SIZE, 28, 28, 1])
    labels_placeholder = tf.placeholder\
                        (tf.float32, [BATCH_SIZE, 10])
```

根据FLAGS.model，构建一个之前定义过的二层分类器或一个卷积分类器：

```
def main(_=None):

if FLAGS.model == 'full':
    result = multilayer_fully_connected\
             (image_placeholder, labels_placeholder)
elif FLAGS.model == 'conv':
    result = lenet5(image_placeholder, labels_placeholder)
else:
    raise ValueError\
            ('model must be full or conv: %s' % FLAGS.model)
```

然后为评价过的分类器定义accuracy函数：

8

```
accuracy = result.softmax.evaluate_classifier\
                    (labels_placeholder,phase=pt.Phase.test)
```

接着，构建训练集和测试集：

```
train_images, train_labels = data_utils.mnist(training=True)
test_images, test_labels = data_utils.mnist(training=False)
```

使用梯度下降优化器，并将其应用到图。pt.apply_optimizer函数为损失添加了正则项，并设置了一个步数统计器：

```
optimizer = tf.train.GradientDescentOptimizer(0.01)
  train_op = pt.apply_optimizer(optimizer,losses=[result.loss])
```

可以在运行会话中设置save_path，每隔一段时间自动触发checkpoint事件。否则在会话结束时，模型将会丢失：

```
runner = pt.train.Runner(save_path=FLAGS.save_path)
with tf.Session():
    for epoch in xrange(10):
```

用以下代码更换训练数据：

```
train_images, train_labels =\
               data_utils.permute_data\
               ((train_images, train_labels))

runner.train_model(train_op,result.\
                    loss,EPOCH_SIZE,\
                    feed_vars=(image_placeholder, \
                                labels_placeholder),\
                    feed_data=pt.train.\
                    feed_numpy(BATCH_SIZE,\
                                train_images,\
                                train_labels),\
                    print_every=100)

classification_accuracy = runner.evaluate_model\
                            (accuracy,\
                            TEST_SIZE,\
                            feed_vars=(image_placeholder,\
                                        labels_placeholder), \
                            feed_data=pt.train.\
                            feed_numpy(BATCH_SIZE,\
                                        test_images,\
                                        test_labels))
print('epoch' , epoch + 1)
print('accuracy', classification_accuracy )

if __name__ == '__main__':
    tf.app.run()
```

运行该例，输出如下：

```
>>>
Extracting /tmp/data/train-images-idx3-ubyte.gz
Extracting tmp/data/train-labels-idx1-ubyte.gz
Extracting /tmp/data/t10k-images-idx3-ubyte.gz
Extracting /tmp/data/t10k-labels-idx1-ubyte.gz
epoch = 1
Accuracy [0.8994]
epoch = 2
Accuracy [0.91549999]
epoch = 3
Accuracy [0.92259997]
epoch = 4
Accuracy [0.92760003]
epoch = 5
Accuracy [0.9303]
epoch = 6
Accuracy [0.93870002]
epoch = 7
epoch = 8
Accuracy [0.94700003]
epoch = 9
Accuracy [0.94910002]
epoch = 10
Accuracy [0.94980001]
```

数字分类器源代码

以下是前面描述的数字分类器的完整源代码：

```
from six.moves import xrange
import tensorflow as tf
import prettytensor as pt
from prettytensor.tutorial import data_utils

tf.app.flags.DEFINE_string('save_path', None, 'Where to save the model checkpoints.')
FLAGS = tf.app.flags.FLAGS

BATCH_SIZE = 50
EPOCH_SIZE = 60000 // BATCH_SIZE
TEST_SIZE = 10000 // BATCH_SIZE

image_placeholder = tf.placeholder\
                        (tf.float32, [BATCH_SIZE, 28, 28, 1])
labels_placeholder = tf.placeholder\
                        (tf.float32, [BATCH_SIZE, 10])

tf.app.flags.DEFINE_string('model', 'full','Choose one of the models, either full or
conv')
FLAGS = tf.app.flags.FLAGS
def multilayer_fully_connected(images, labels):
```

```
                          images = pt.wrap(images)
                          with
pt.defaults_scope(activation_fn=tf.nn.relu,l2loss=0.00001):
                          return (images.flatten().\
                                  fully_connected(100).\
                                  fully_connected(100).\
                                  softmax_classifier(10, labels))

def lenet5(images, labels):
    images = pt.wrap(images)
    with pt.defaults_scope\
        (activation_fn=tf.nn.relu, l2loss=0.00001):
    return (images.conv2d(5, 20).\
            max_pool(2, 2).\
            conv2d(5, 50).\
            max_pool(2, 2).\
            flatten(). \
            fully_connected(500).\
            softmax_classifier(10, labels))

def main(_=None):
    image_placeholder = tf.placeholder\
                        (tf.float32, [BATCH_SIZE, 28, 28, 1])
    labels_placeholder = tf.placeholder\
                        (tf.float32, [BATCH_SIZE, 10])

if FLAGS.model == 'full':
    result = multilayer_fully_connected\
            (image_placeholder,\
            labels_placeholder)
elif FLAGS.model == 'conv':
    result = lenet5(image_placeholder,\
                    labels_placeholder)
else:
    raise ValueError\
            ('model must be full or conv: %s' % FLAGS.model)

accuracy = result.softmax.\
            evaluate_classifier\
            (labels_placeholder,phase=pt.Phase.test)

train_images, train_labels = data_utils.mnist(training=True)
test_images, test_labels = data_utils.mnist(training=False)
optimizer = tf.train.GradientDescentOptimizer(0.01)
train_op = pt.apply_optimizer(optimizer,losses=[result.loss])
runner = pt.train.Runner(save_path=FLAGS.save_path)

with tf.Session():
    for epoch in xrange(10):
        train_images, train_labels =\
                    data_utils.permute_data\
                    ((train_images, train_labels))

        runner.train_model(train_op,result.\
```

```
                                      loss,EPOCH_SIZE,\
                                      feed_vars=(image_placeholder,\
                                                  labels_placeholder),
                                      feed_data=pt.train.\
                                      feed_numpy(BATCH_SIZE,\
                                                  train_images,\
                                                  train_labels),\
                                      print_every=100)
        classification_accuracy = runner.evaluate_model\
                                              (accuracy,\
                                              TEST_SIZE,\
                                              feed_vars=(image_placeholder,\
                                                          labels_placeholder),\
                                              feed_data=pt.train.\
                                              feed_numpy(BATCH_SIZE,\
                                                          test_images,\
                                                          test_labels))
    print('epoch' , epoch + 1)
    print('accuracy', classification_accuracy )

if __name__ == '__main__':
    tf.app.run()
```

8.7 TFLearn

TFLearn是一个函数库，它将许多TensorFlow的全新API封装成易用且熟悉的scikit-learn API。

TensorFlow的本质是建立和执行一个图。这是一个非常强大的概念，但对于初学者来说可能难以理解。

若将TFLearn作为外壳，我们只需要用到TensorFlow的三部分。

- **层**：这是一系列高级TensorFlow函数，允许你方便地构建复杂的图——从全连接层、卷积层和批归一化（BN）层，到损失函数和优化函数。
- **图操作**：这是一系列工具，用于训练、测试和在TensorFlow图上运行界面。
- **评估算子**：该算子封装了一个类中所有的scikit-learn接口，并提供了一种方便地构建和训练自定义TensorFlow模型的方式。评估算子的子类，如线性分类器、线性回归器、DNN分类器等，都是被预先封装的模型；与sciki-learn中的逻辑回归类似，可以通过一行代码调用。

8

安装 TFLearn

要安装TFLearn，最简单的方法是运行下述命令：

```
pip install git+https://github.com/tflearn/tflearn.git
```

若要安装最新稳定版本，可以使用如下命令：

```
pip install tflearn
```

或者，也可以从源代码安装TFLearn。从源文件夹运行以下命令即可：

```
python setup.py install
```

TIP 若要查看更为详细的TFLearn安装方法，请参考https://github.com/tflearn/tflearn。

8.8 泰坦尼克号幸存者预测器

该教程中，我们将学习使用TFLearn和TensorFlow，通过泰坦尼克号中乘客的个人信息（如性别、年龄等），对乘客的幸存机会建模。为解决这一传统机器学习问题，我们将要构建一个DNN分类器。

简要查看以下数据集（TFLearn会自动为你下载该数据集）。

对于每个乘客，数据集提供了如下信息：

```
survived    是否幸存 (0 = 否; 1 = 是)
pclass      乘客船舱等级 (1 = st; 2 = nd; 3 = rd)
name        姓名
sex         性别
age         年龄
sibsp       海外兄弟姐妹/配偶数量
parch       海外父母/子女数量
ticket      票号
fare        票价
```

以下是从数据集中抽取的一些样本：

survived	pclass	name	sex	age	sibsp	parch	ticket	fare
1	1	Aubart, Mme. Leontine Pauline	Female	24	0	0	PC 17477	69.3000
0	2	Bowenur, Mr. Solomon	Male	42	0	0	211535	13.0000
1	3	Baclini, Miss. Marie Catherine	Female	5	2	1	2666	19.2583
0	3	Youseff, Mr. Gerious	Male	45.5	0	0	2628	7.2250

我们的任务中有两个类：**未幸存**（`class=0`）和**幸存**（`class=1`），乘客数据中含有8个特征。

`titanic`数据集由CSV文件格式存储，因此可以使用TFLearn的`load_csv()`函数，从文件中加载数据到一个Python列表。指定`target_column`参数，表示我们的标签（幸存与否）位于第一列（ID为`0`）。函数返回一个二元组(数据, 标签)。

现在，开始导入numpy和TFLearn库：

```
import numpy as np
import tflearn
```

下载titanic数据集:

```
from tflearn.datasets import titanic
titanic.download_dataset('titanic_dataset.csv')
```

加载CSV文件，并标明第一列代表标签labels:

```
from tflearn.data_utils import load_csv
data, labels = load_csv('titanic_dataset.csv', target_column=0,\
                        categorical_labels=True, n_classes=2)
```

数据需要经过一些预处理，供我们的DNN分类器使用。实际上，必须删除一些分析过程中不需要的列和域。此处删除name和ticket域，因为我们认为，乘客的姓名和票号是不影响其幸存概率的:

```
def preprocess(data, columns_to_ignore):
```

预处理过程中，先将数据按照id降序排列，并删除该列:

```
for id in sorted(columns_to_ignore, reverse=True):
    [r.pop(id) for r in data]
for i in range(len(data)):
```

sex域被转换为float型（为方便操作）:

```
  data[i][1] = 1. if data[i][1] == 'female' else 0.
return np.array(data, dtype=np.float32)
```

和之前提到过的一样，name和ticket域在分析中会被忽略:

```
to_ignore=[1, 6]
```

此处调用preprocess过程:

```
data = preprocess(data, to_ignore)
```

首先，需要指定输入数据的形状。输入样本共有6个特征，需要分批处理样本以节省内存，所以输入数据形状为[None, 6]。None参数表示维数未知，因此可以改变每个批次中处理的样本总个数:

```
net = tflearn.input_data(shape=[None, 6])
```

最后，使用下列简单的语句构建一个三层神经网络:

```
net = tflearn.fully_connected(net, 32)
net = tflearn.fully_connected(net, 32)
net = tflearn.fully_connected(net, 2, activation='softmax')
net = tflearn.regression(net)
```

TFLearn提供了一个模型封装器DNN，可以自动完成神经网络分类任务：

```
model = tflearn.DNN(net)
```

运行10个训练时期，每个批的大小为16：

```
model.fit(data, labels, n_epoch=10, batch_size=16, show_metric=True)
```

运行模型，得到以下输出：

```
Training samples: 1309
Validation samples: 0
--
Training Step: 82 | total loss: 0.64003
| Adam | epoch: 001 | loss: 0.64003 - acc: 0.6620 -- iter: 1309/1309
--
Training Step: 164 | total loss: 0.61915
| Adam | epoch: 002 | loss: 0.61915 - acc: 0.6614 -- iter: 1309/1309
--
Training Step: 246 | total loss: 0.56067
| Adam | epoch: 003 | loss: 0.56067 - acc: 0.7171 -- iter: 1309/1309
--
Training Step: 328 | total loss: 0.51807
| Adam | epoch: 004 | loss: 0.51807 - acc: 0.7799 -- iter: 1309/1309
--
Training Step: 410 | total loss: 0.47475
| Adam | epoch: 005 | loss: 0.47475 - acc: 0.7962 -- iter: 1309/1309
--
Training Step: 492 | total loss: 0.51677
| Adam | epoch: 006 | loss: 0.51677 - acc: 0.7701 -- iter: 1309/1309
--
Training Step: 574 | total loss: 0.48988
| Adam | epoch: 007 | loss: 0.48988 - acc: 0.7891 -- iter: 1309/1309
--
Training Step: 656 | total loss: 0.55073
| Adam | epoch: 008 | loss: 0.55073 - acc: 0.7427 -- iter: 1309/1309
--
Training Step: 738 | total loss: 0.50242
| Adam | epoch: 009 | loss: 0.50242 - acc: 0.7854 -- iter: 1309/1309
--
Training Step: 820 | total loss: 0.41557
| Adam | epoch: 010 | loss: 0.41557 - acc: 0.8110 -- iter: 1309/1309
--
```

模型的准确率约为81%，表示该模型可以预测正确约81%的乘客是否幸存。

最后，评价模型，获取最终准确率：

```
accuracy = model.evaluate(data, labels, batch_size=16)
print('Accuracy: ', accuracy)
```

输出如下：

```
Accuracy: [0.78456837289473591]
```

泰坦尼克分类器源代码

前面实现的分类器的完整代码如下：

```
import tflearn
import numpy as np
from tflearn.datasets import titanic
titanic.download_dataset('titanic_dataset.csv')
from tflearn.data_utils import load_csv

data, labels = load_csv('titanic_dataset.csv', target_column=0,
                        categorical_labels=True, n_classes=2)

def preprocess(data, columns_to_ignore):
    for id in sorted(columns_to_ignore, reverse=True):
        [r.pop(id) for r in data]
    for i in range(len(data)):
        data[i][1] = 1. if data[i][1] == 'female' else 0.
    return np.array(data, dtype=np.float32)

to_ignore=[1, 6]
data = preprocess(data, to_ignore)
net = tflearn.input_data(shape=[None, 6])

net = tflearn.fully_connected(net, 32)
net = tflearn.fully_connected(net, 32)
net = tflearn.fully_connected(net, 2, activation='softmax')
net = tflearn.regression(net)
model = tflearn.DNN(net)
model.fit(data, labels, n_epoch=10, batch_size=16, show_metric=True)

# Evalute the model
accuracy = model.evaluate(data, labels, batch_size=16)
print('Accuracy: ', accuracy)
```

8.9 小结

本章讲解了三个基于TensorFlow的库，可方便深度学习研究和开发。

我们介绍了Keras。该库的设计目标是精简和模块化，允许用户快速定义深度学习模型。

通过使用Keras，我们了解了如何开发一个简单的单层LSTM模型，用于对IMDB影评进行情感分类。

然后简要介绍了Pretty Tensor。该库允许开发者将TensorFlow操作封装起来，用以链接任意数量的网络层。

我们实现了一个LeNet风格的卷积模型，可以快速解决手写数字分类问题。

最后一个库是TFLearn，该库封装了很多TensorFlow API。在示例程序中，我们了解到如何使用TFLearn估计泰坦尼克号乘客的幸存概率。为完成这一任务，我们构建了深度神经网络分类器。

下一章将介绍TensorFlow的高级多媒体编程。我们会简要介绍多媒体分析的概念，并讲解在大型数据集上进行对象识别的解决方案。另外，还会介绍优化TensorFlow运算的加速线性代数，以及TensorFlow和Keras的联合使用，并给出具体示例。最后，我们会介绍在Android上进行深度学习的问题。

第9章

TensorFlow高级多媒体编程

本章将讨论TensorFlow的高级多媒体编程问题。我们会探讨一些新提出的研究问题，如基于深度学习的大型对象检测，以及使用TensorFlow在Android设备上进行深度学习，并提供一些示例。

本章将讨论以下主题：

- 多媒体分析简介
- 基于深度学习的大型对象检测
- 加速线性代数
- TensorFlow和Keras
- Android上的深度学习

9.1 多媒体分析简介

图像和视频分析指的是，从图像或视频中抽取有用信息和模式的技术。每天都会有大量图像和视频生成，能够对如此大量的数据进行分析的技术将非常有潜力。基于此类分析，可以为用户提供许多服务。

本章将介绍几个关于图像分析和视频分析的示例（仅仅是一个演示程序，用于展示视频分析和其他复杂的深度学习任务在TensorFlow和Keras联用的情况下的表现），并看看如何从中获取有用信息。

9.2 基于深度学习的大型对象检测

本节将学习如何使用TensorFlow进行图像识别，还会使用迁移学习技术。后者利用在大型数据集（如ImageNet）上预训练的模型中的网络权重，执行我们的训练。通常，人们在自己的数据集较小的情况下会使用迁移学习。我们将在相似问题上重训练该模型，因为如果从零开始训练，将会耗费几天时间。

TensorFlow打包了大量的预训练模型，供用户进行自己的训练。本节将使用基于ImageNet（http://image-net.org/）预训练的Inception V3网络，该网络可以区分1000个不同的类。

刚开始，你需要一系列图像，来告诉网络想要识别的新类型。TensorFlow团队已经创建了一个创作共用许可的花卉照片合集，你可以使用这些照片开始训练（见图9-1）。

图9-1 花卉数据集（图像来源：TensorFlow，地址：https://www.tensorflow.org/images/daisies.jpg）

首先，你需要一个包含一系列图片的数据集，用来教给网络你需要识别哪些新类别。我们将使用TensorFlow提供的`flower`数据集：

```
# return to the home directory
cd $HOME
mkdir tensorflow_files
cd tensorflow_files
curl -O http://download.tensorflow.org/example_images/flower_photos.tgz
tar xzf flower_photos.tgz
```

下载这份大小为218 MiB的`flower`数据集后，现在需要在你的home路径下保存这些花卉图片的一个副本。

接着，需要使用以下命令将TensorFlow的仓库clone下来：

```
git clone https://github.com/tensorflow/tensorflow
```

完成该操作后，你已经拥有了训练器和数据，那么可以使用Inception V3网络开始训练了。

我们开始时提到过，Inception V3网络最初是在ImageNet上训练的，可以区分1000个不同的类，因此拥有成千上万的参数。此处只训练Inception V3网络的最后一层，以使用较少的时间完成任务。

下面开始训练网络。在TensorFlow的根目录下，输入如下命令：

```
#From the root directory of TensorFlow
python tensorflow/examples/image_retraining/retrain.py \
--bottleneck_dir=~/tensorflow_files/bottlenecks \
--model_dir=~/tensorflow_files/inception \
--output_graph=~/tensorflow_files/retrained_graph.pb \
--output_labels=~/tensorflow_files/retrained_labels.txt \
--image_dir ~/tensorflow_files/flower_photos
```

该脚本会加载预训练的Inception v3模式，移除原网络的最后一层，最终在我们提供的花卉照片上训练出一个新的模型。

Inception V3网络原先并不是在这些花卉品种上训练出来的，但该网络包含的1000个类的信息可以帮助识别新的对象。使用预训练的网络时，我们就利用了网络中原有的信息作为最后一个分类层的输入，最终将花卉类别区分开来。

9.2.1　瓶颈层

可以看到，我们之前的命令中含有一个词——“瓶颈层”（bottleneck）。这是什么？

为获取重训练网络，第一步就是分析我们提供的所有图像，计算每个图像的瓶颈值。

我们使用Inception V3作为预训练模型。Inception V3含有许多层，各层之间相互叠加。这些层已经被预训练过，因此其中已含有可以区分图像的信息。现在只训练最后一个全连接层（输出层之前的那一层），所有前面的层都会保持原样。

那么什么是瓶颈层呢？这是TensorFlow的一个术语，指的是最后一层（负责分类的层）之前的那一层。因此，训练集中的所有图像在训练过程中都被使用数次，而瓶颈层之前那些层的计算在每个图像上会耗费大量时间。所以，我们将低层的输出缓存在磁盘上，这样可以避免浪费很多时间。瓶颈层的默认保存路径为/tmp/bottleneck。

9.2.2　使用重训练的模型

刚刚使用的重训练脚本会得出一个自定义版本的Inception V3网络，其最后一层留给`flower`数据集使用，保存在tensorflow_files/output_graph.pb中。在tensorflow_files/output_labels.txt中可以找到一个文本文件，该文件包含花卉的标签。

下面是图像分类的步骤。

(1) 编写Python脚本，加载之前的网络，并用它分类图像：

```
import tensorflow as tf, sys
```

(2) 待分类图像作为一个参数传入网络：

```
provided_image_path = sys.argv[1]
```

(3) 读取图像数据：

```
provided_image_data = tf.gfile.FastGFile(provided_image_path,
'rb').read()
```

(4) 载入标签文件：

```
label_lines = [line.rstrip() for line in\
  tf.gfile.GFile("tensorflow_files/retrained_labels.txt")]

# Unpersists graph from file
with tf.gfile.FastGFile("tensorflow_files/retrained_graph.pb",\
'rb') as f:
  graph_def = tf.GraphDef()
  graph_def.ParseFromString(f.read())
  _ = tf.import_graph_def(graph_def, name='')

with tf.Session() as sess:
  # pass the provided_image_data as input to the graph
  softmax_tensor =\
                sess.graph.get_tensor_by_name('final_result:0')

  network_predictions = sess.run(softmax_tensor, \
          {'DecodeJpeg/contents:0': provided_image_data})

  # Sort the result by confidence to show the flower labels accordingly
  top_predictions = network_predictions[0].argsort()[-\
                      len(network_predictions[0]):][::-1]

  for prediction in top_predictions:
      flower_type = label_lines[prediction]
      score = network_predictions[0][prediction]
      print('%s (score = %.5f)' % (flower_type, score))
```

可以将前面创建的Python脚本保存在你的tensorflow_files路径内。此处将该脚本命名为classify.py。

然后，从你的tensorflow_files路径内运行以下命令，以分类一张雏菊照片：

```
python classify_image.py flower_photos/daisy/21652746_cc379e0eea_m.jpg
```

得到的输出应该与下面类似：

```
daisy (score = 0.99071)
 sunflowers (score = 0.00595)
```

```
dandelion (score = 0.00252)
roses (score = 0.00049)
tulips (score = 0.00032)
```

注意，你得到的输出分数可能和上面有一些微小的不同。因为如果多次在相同数据上训练相同的算法，得到的结果都会略有不同。

9.3 加速线性代数

加速线性代数是一个领域特定编译器，由TensorFlow开发，用于加速运算。通过加速线性代数，你可以提升代码速度、减少内存使用，甚至可以改善移动平台上的可移植性。

刚开始，你可能不会马上发现加速线性代数的诸多好处，因为它现在仍处于测试阶段，但你可以尝试其准时编译和提前编译功能。

我们首先简要介绍TensorFlow的核心优势，并看看TensorFlow团队是如何克服困难，保持并强化这些核心优势的。

9.3.1 TensorFlow 的核心优势

以下是TensorFlow的核心优势。

- **灵活性**：TensorFlow的灵活性来源于其解释性。另外，顾名思义，TensorFlow使用的是数据流编程模式。TensorFlow的工作方式是让用户给定一个计算图，然后从图中找到一个可运行的节点，取回该节点，并从该节点运行该图。经过一系列操作后，图中的另一组节点又可以被运行了。TensorFlow便对这些节点重复之前的操作，即取回然后运行它们。这个取回可运行节点并运行它们的过程称为**解释器环**。
- **表达性**：TensorFlow是动态的，因为它和Python联系密切。因此，你拥有完全的表达性和自由来定义自己的图，且该过程不受任何限制。另外，使用TensorFlow变量的过程和其他环境下的编程很类似。
- **可扩展性**：TensorFlow的一个很大的优势在于，它是一个黑箱模块。因此，你可以使用全新的数据流操作，并将其添加到TensorFlow上，而无需担心集成出问题。

总结了TensorFlow的这几个核心优势后，下面看看TensorFlow团队如何运用加速线性代数的**准时**编译，在保持这些优势的前提下提高速度。

9

9.3.2 加速线性代数的准时编译

TensorFlow通过加速线性代数的准时编译技术加速程序执行，并让更多设备得以运行。

加速线性代数的工作方式总结如图9-2所示。

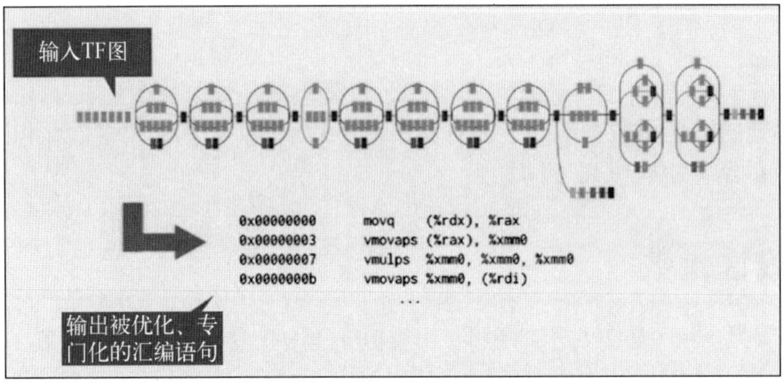

图9-2　加速线性代数生命周期（图片来源：TensorFlow，地址：http://img.ctolib.com/uploadImg/20170307/20170307064228_586.png）

TensorFlow团队开发这一编译器结构的目的是，让用户可以输入一个TensorFlow计算图，然后得到被优化和专门化的汇编语句输出。

该编译器结构可以接收一个TensorFlow计算图作为输入，然后输出该计算图对应的被优化和专门化的汇编语句。这是TensorFlow团队添加的一个极好的特性，使你可以生成不受架构限制的被编译代码。该代码被优化、专门化，以适合你当前使用的底层架构。

为在你的机器上使用加速线性代数，需要在配置TensorFlow时进行手动设置。

运行以下命令，clone最新的TensorFlow仓库：

```
$ git clone https://github.com/tensorflow/tensorflow
```

然后，使用以下命令配置TensorFlow：

```
$ cd tensorflow
$ ./configure
```

在配置过程中，配置文件会询问你是否启用加速线性代数。需要回答“是”才可启用，并在下一个示例中使用加速线性代数。

为展示加速线性代数的工作方式，我们用TensorFlow shell进行演示。[①]

你需要打开一个TensorFlow shell来运行下述代码片段。首先，使用如下命令选择粘贴模式：

```
%cpaste
```

① 此处所说的TensorFlow shell是谷歌在2017TensorFlow开发峰会（https://www.youtube.com/watch?v=kAOanJczHA0&feature=youtu.be&t=2m32s）上运行demo的一个shell，是谷歌工程师用IPython修改制作的一个工具，似乎仅做演示用。谷歌并没有放出这个shell。作者没有讲清自己此处讲解的TensorFlow shell出处，所以实际上以下内容读者无法实践，作者只是照搬了发布会上的演示。StackOverFlow上有人想要复现这一实验，可供读者参考：https://stackoverflow.com/questions/42446331/how-to-launch-tensorflow-shell-shown-in-xla-demo。——译者注

然后，粘贴以下示例：

```
with tf.Session() as sess:
        x = tf.placeholder(tf.float32, [4])
        with tf.device("device:XLA_CPU:0"):
              y = x*x
        result = sess.run(y,{x:[1.5,0.5,-0.5,-1.5]})
```

将下列参数传给TensorFlow shell：

```
--xla_dump_assembly=true
```

此处将该标识传给shell，使其输出加速线性代数生成的汇编语言代码。

前述代码产生的结果如下：

```
0x00000000        movq        (%rdx), %rax
0x00000003        vmovaps     (%rax), %xmm0
0x00000007        vmulps       %xmm0, %xmm0, %xmm0
0x0000000b        vmovaps      %xmm0, (%rdi)
0x0000000f        retq
```

下面详细阐述该示例，以便读者更好地理解该代码片段及其汇编输出。

前面的示例只取了4个浮点数，并将其相乘。该例的特殊性在于，我们明确地将其分配到加速线性代数CPU设备上，因此，编译器在TensorFlow内部被视为一个处于特殊模式的设备。

运行了前面的代码段后，你会看到输出几条汇编指令。这些指令的特殊性在于，其中没有循环，因为加速线性代数知道你只需要让4个数做乘法。因此，输出的汇编指令针对你的TensorFlow语句生成的计算图或程序进行了专门化和优化。

此外，前面的代码也可以直接放置在加速线性代数GPU设备上，但此处不会深入讲解这个问题。如前所述，加速线性代数可以在标准TensorFlow shell中为CPU和GPU工作。

1. 准时编译

那么，前面提到的准时编译究竟是怎么一回事呢？

准时编译的主要特点是，让你的程序在运行时编译。因此，当你输入一个TensorFlow表达式并按回车键后，不需要自己花时间思考如何进行编译以减少开销。正如前面的例子所示，只需按回车键，便可生成汇编指令。

准时编译的另一个优势是，你可以在代码比较靠后的位置绑定变量。

例如，你不需要在代码起始处就指定数据的批大小，而可以在确定合适的值后再指定。

因此，查看基本的TensorFlow等级框图（图9-3）可以看到TensorFlow的核心，并看到加速线性代数位于TensorFlow生态系统的右下方。

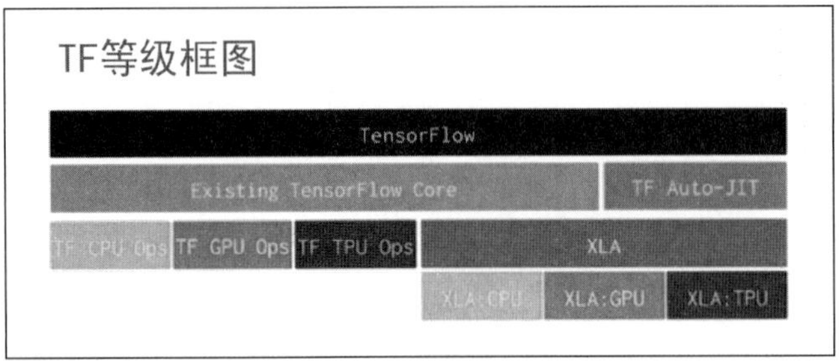

图9-3　TensorFlow等级框图（来源：TensorFlow开发者大会）

2. 加速线性代数及其优势

TensorFlow的爱好者非常看好加速线性代数的准时编译这一新特性。

下面是该特性的关键优势。

- **服务器端加速**：通过准时编译和专门化，TensorFlow可将一些内部模型提速达60%。另外，SyntaxNet的等待时间由200微秒上下减少至5微秒。原因是SyntaxNet的计算图含有许多很小的操作，所以解释器需要抓取每一个小操作。这一抓取过程会频繁产生一些等待时间，但如果你使用了编译功能，这些零碎的等待时间便都可以消除。
- **优化内存使用**：通过消除很多中间存储缓冲，TensorFlow可以优化内存的使用，因此，你可以在更多性能有限的架构（如移动架构）上进行深度学习。
- **为移动设备减少空间占用**：使用加速线性代数的提前编译技术，可以将一开始就准备执行的模型编译为可执行文件。通过命令行运行该可执行文件，可以大量缩短TensorFlow的运行时间。另外，还可以减小程序的二进制大小。TensorFlow团队已在一个移动端的**长短期记忆网络**模型上测试了该特性，可以将其二进制大小由2.6 MiB减少到小于600 KiB。这意味着，需要调配的空间减少了3/4。这种优化得益于，使用加速线性代数并遵守一些TensorFlow代码的编写技巧（https://www.tensorflow.org/performance/performance_guide）。
- **方便对整个程序进行分析**：加速线性代数中最常规的激动人心的特性是，编译器架构使得整个计算图或程序的分析更加简便。TensorFlow团队开发的加速线性代数高层优化器可以用来查看线性代数层级的计算图，并创建一个可复用的全局优化工具包，并作用在计算图上。因此，即使你在不同的平台、CPU、GPU或其他设备上进行编译，TensorFlow仍可以利用这一高层优化工具包生成专门针对该平台的汇编命令。

3. 加速线性代数的底层工作模式

加速线性代数的输入语言叫作HLO IR，或称为**高层优化器**。加速线性代数将HLO定义的计算图作为输入，然后将其编译为不同架构的机器指令。

流程图9-4展示了加速线性代数的编译过程。

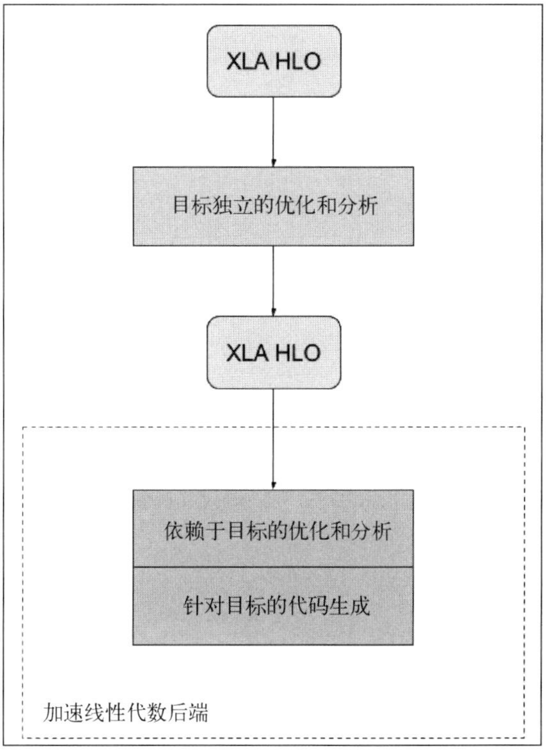

图9-4 加速线性代数编译过程（来源：https://www.tensorflow.org/images/how-does-xla-work.png）

正如我们前面讨论的，TensorFlow使用HLO的目的是，提供独立于目标的代码。因此，TensorFlow在这一步骤会不受目标限制地优化程序。然后，TensorFlow使用另一个HLO来输出依赖于目标的、被优化和专门化了的代码，并将这些代码最终馈给加速线性代数后端，以生成针对目标的代码。

4. 加速线性代数仍处于测试阶段

在本书的写作阶段，并非所有TensorFlow操作都能被编译，因为加速线性代数的准时编译功能才开发不久。随着TensorFlow社区的增长，我们希望这一特性能够尽快得到完善和支持。

5. 支持的平台

当前，加速线性代数支持在x86-64和NVIDIA GPU上的准时编译，并支持x86-64和ARM架构上的AOT编译。

6. 更多体验材料

若希望获取更多关于加速线性代数准时编译的体验材料，或想要了解如何在自己的会话中启用该特性，请参考TensorFlow网站：https://www.tensorflow.org/performance/xla/jit。

9.4　TensorFlow 和 Keras

本节中将着手研究一个对数据科学家和机器学习爱好者都非常重要的特性——TensorFlow和Keras的联用，如图9-5所示。有了这个特性，你就可以仅用寥寥几行代码构建非常复杂的深度学习系统。

图9-5　TensorFlow与Keras的联用（来源：https://blog.keras.io/img/keras-tensorflow-logo.jpg）

9.4.1　Keras 简介

Keras是一个API，可以使深度学习模型的使用和构建变得简单快捷。可以说，它就是一个深度学习工具箱，其特点如下：

- 易用性
- 降低复杂性
- 减少认知负荷

使深度学习更易用的意思是，让更多的人可以使用它。因此，Keras的核心设计理念便是让所有人都能学会深度学习。

所以，Keras更像一个拥有数个实现的API。Keras最初发布时是针对Theano框架的，现在也有了TensorFlow实现，未来还会兼容更多平台。

TensorFlow所做的是，将Keras API添加到TensorFlow项目中，使TensorFlow和Keras的优点结合起来，从而让每个人都能学会深度学习。

9.4.2 拥有 Keras 的好处

我们已经说过，TensorFlow将Keras的API添加到TensorFlow项目中。这样，你就可以得到如下好处：

(1) Keras的兼容性模块`tf.keras`作为Keras规范的一个实现被引入TensorFlow，该模块是针对TensorFlow从零开始构建的；

(2) 为TensorFlow核心引入了新的数据结构，如网络层；

(3) 另外，作为网络层计算图容器器的模型之前是Keras的数据结构，现在可以在TensorFlow核心和`tf.keras`模块间共享；

(4) 最后，和测试API一样，Keras与所有TensorFlow高级特性完全兼容。

因此，如果你恰巧同时是Keras和TensorFlow的用户，那么将二者联用会产生何种效应？

将Keras直接与TensorFlow的核心聚合，作为Keras用户的你将获得以下好处。

- 可以直接将纯TensorFlow和纯Keras的功能混合、配对。
- 另外，可以访问更多高级的、强大的特性，例如：
  - 分布式训练
  - 云机器学习
  - 超参数调优
  - 用于将TensorFlow模型部署生产的TF-serving服务

当然，作为一个TensorFlow用户，你拥有以下核心优势。

(1) 你可以访问Keras API的全部，用以简化你的开发流程，而不需要改变已有的TensorFlow工作流。

(2) 使用Keras API不会丢失任何灵活性，因为你不需要对Keras的全部功能都很熟悉。只要选用你需要的层即可。

(3) 另外，你可以访问所有Keras已有的开源代码。随便抓一段Keras代码扔到你的代码基中，只需改一下导入库，代码便可正常运行。

为使叙述更加简单有趣，下面通过例子了解一下Keras和TensorFlow联用时的工作流。

9.4.3 视频问答系统

以下代码的作用是建立一个视频问答模型。我们将使用Keras定义该模型。

为解决这一问题，我们在分布式环境下使用高层TensorFlow进行训练。

可以看到，我们有一些被抽样为4帧/秒的视频，每个视频大约10秒钟，因此每个视频大约共有40帧。我们要询问视频内容相关的问题，如图9-6所示。

图9-6　视频问答

我们要建立一个深度学习模型，输入如下。

- ❑ **视频**：被表示为一个帧序列，因此约为40个有序的帧。
- ❑ **问题**：一个单词序列，询问视频内容相关的问题。

模型将会输出该问题的答案。

这是一个非常有趣且困难的问题，因为如果你尝试只取一帧来训练CNN，得到的模型只能为该帧中的视觉信息建模，这些信息可能无法代表整个视频。如果使用整个视频中的所有帧或只用它们的抽样，则必须要为这些帧建模并整合帧中不同的信息源以理解上下文。因此，你需要训练深度学习模型，使其可以从帧的顺序中获取信息，以正确回答问题。

这类问题在前几年非常困难，许多研究者都无法解决。而现在，有了TensorFlow作为平台，Keras作为API，任何具有基本Python脚本编写能力的人都可以解决该问题。

图9-7就是我们将要采用并详细解释的模型。

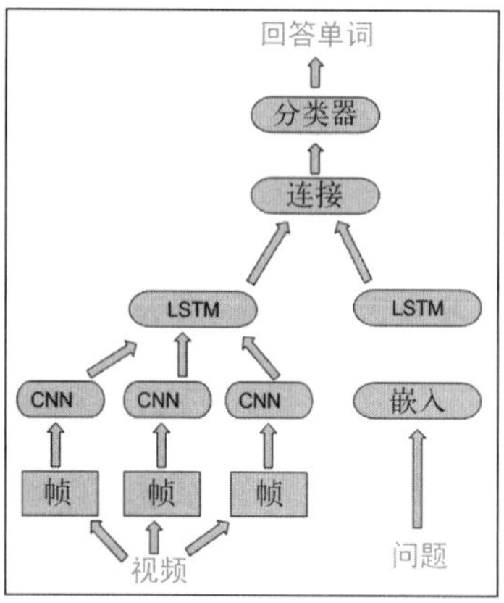

图9-7　通用视频问答架构

该架构的高层有两个主要分支，第一个分支的作用为，将视频中的帧编码为一个向量；另一个分支负责将问题——即一个单词序列——编码为一个向量。因此，我们有一个编码了整个视频信息的向量，和一个编码了所有问题的向量。然后将二者相连，得到一个大一些的向量，其中编码了整个问题的所有信息。

该深度学习架构有一个有趣的特点，即我们的输入既包含视频，也包含问题的语义信息。然后将视频和语义信息转换为向量映射到几何空间，之后让深度学习去学习这个几何空间里的一些有趣的变换。接着将向量连接起来，获取视频和问题的编码信息，随后将其传入一个全连接网络。该网络的最后一层为一个含有预设词汇的softmax分类层。最终，我们选取词汇中概率最大的单词来回答问题。

下面更详细地讲解该架构模型。

对于视频分支，我们将视频视为一个帧序列，每个帧都只是一个RGB图像。然后，将每个帧传入一个CNN，使其转换为一个向量。使用预训练网络作为CNN的基。将所有帧传给一系列CNN后，就能获得视频编码的一系列向量。然后将这一系列向量馈给LSTM（一种循环网络，可以处理时序信息，会将顺序纳入考虑范围），该网络会输出一个代表视频的向量。

对于问题分支，我们的处理方式比较简单。将问题表示为一个整型序列，其中每个整数代表一个单词。然后使用词嵌入方法，将每个单词映射到一个单词向量内，此时就从这个单词序列中获得了一个向量序列。最后，将其馈给另一个LSTM，该网络将整个问题编码为一个向量。

现在看看前述架构在Keras上的表示，如图9-8所示。

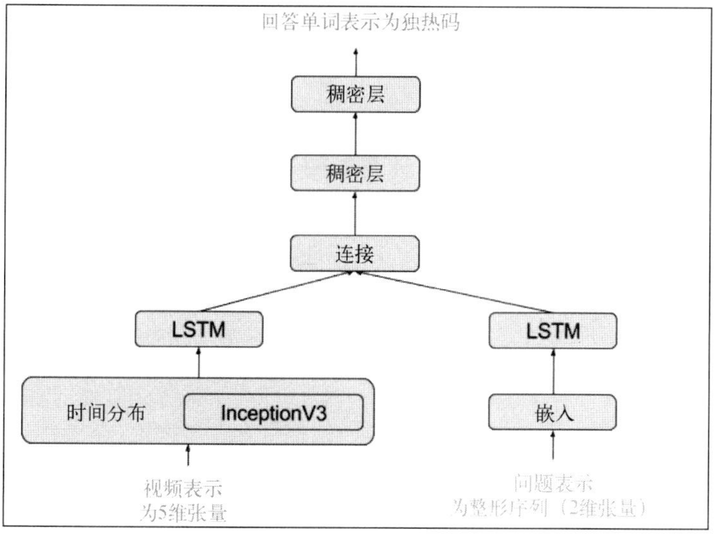

图9-8 Keras视频问答架构

9

该Keras架构和之前的那个很类似。对于视频编码器，首先将视频表示为一个五维张量，其中第一个维度/轴为批量分量，第二个为时间分量，最后会有一个三维张量编码帧信息。

将已在ImageNet上预训练过的Inception V3网络应用到每个帧的五维向量上，从每个帧抽取一个向量。完成这一操作后，会获得一个向量序列。该序列接下来会被馈给LSTM，其输出层将生成一个视频向量。

对于问题部分，仅使用一个嵌入层来映射问题。同样，将嵌入结果馈给LSTM网络，生成一个向量。

在顶端，使用一个连接操作将两个向量连接到一起。然后，在其上堆上一系列稠密层。最后，在最上面放置一个softmax分类器，类标签为预定义的一系列词汇。将训练目标回答单词编码为一个独热向量。

上述模型实现如下：

```
video = tf.keras.layers.Input(shape=(None, 150, 150, 3))
cnn = tk.keras.applications.InceptionV3(weights='imagenet',\
                                        include_top=False,\
                                        pool='avg')
cnn.trainable = False
encodedframes = tk.keras.TimeDistributed(cnn)(video)
encoded_vid = tf.layers.LSTM(256)(encoded_frames)
```

前面的代码段仅用5行代码便实现了视频编码操作。

第一行仅指定了视频输入的形状。这是一个五维张量，含有形状参数，但现在不用明确指定批大小。第一轴为时间分量，被设置为none，因为我们希望模型可以编码含有不同数量的帧的视频。形状参数为150 × 150的RGB图像。

第二行实例化了Inception V3网络，会自动加载预训练的权重（在ImageNet上训练）。将该网络用作特征抽取层，所以不会使用Inception V3网络的分类器部分，因为只需要其卷积基。最后，在瓶颈层之上应用平均池化操作。该行的输出为对应于每个图片/帧的向量。

可能有人会问，为什么要用预训练的Inception V3模型？原因在于，我们处理的是一个小型数据集，该数据集的数据量太小，不足以使你训练抽取有趣的视觉特征。

因此，为使该网络能在实际工作中具有良好表现，需要利用这些预训练的权重。

第三行将CNN设置为不可训练的，意为在训练过程中不会更新权重。这是因为，由于使用了预训练网络，所以如果在训练这一问答系统时对权重进行更新，那么可能破坏该模型在ImageNet上已学习到的表示。

第四行使用了一个时间分布层获取该CNN，并将其应用到视频时间轴的每一步。这一步的输出是一个三维张量，表示从帧中抽取的一系列视觉向量。

第五行将这一序列张量馈给LSTM层并运行。这一步的输出是编码了整个视频信息的一个向量。

可以注意到，实例化Keras LSTM层时，只需指定一个参数，即LSTM层中的神经元数量。因此，不需要了解LSTM的复杂细节。Keras的一个原则是，要使用实际效果最好的模型，所以keras的每一个层的模式设置都是最优的，发挥了这些最优模型的优势。所以，你可以只用默认设置就能获得良好的结果。

对于问答部分，我们使用以下3行代码对问题进行编码：

```
question = tk.keras.layers.Input(shape=(100),dtype='int32')
x = tf.keras.layers.Embedding(10000,256,mask_zero=true)(question)
encoded_q = tf.keras.layers.LSTM(128)(x)
```

第一行指定了问题的输入张量。每个问题都被表示为一个含有100个整型的序列，所以输出的结果只能回答最多100个单词的问题。

第二行利用嵌入层将每个整型嵌入到一个词向量中。将嵌入层的masking设置开启，意为如果问题的长度不到100词，则会用0填充单词向量，使其长度达到100。

第三行将上面获得的向量传入LSTM层，用以将这一系列词向量编码为一整个向量。

最后，通过以下代码获取答案单词：

```
x = tk.keras.layers.concat([encoded_vid, encoded_q])
x = tf.keras.layers.Dense(128, activation=tf.nn.relu)(x)
outputs = tf.keras.layers.Dense(1000)(x)
```

第一行将视频向量和问题向量取出，并使用一个连接命令将它们连接在一起，最后在其上添加一系列致密层。最后获得了1000个单元，因此词汇表上仅包含1000个不同的单词。

以下是对训练进行设定的步骤：

```
model = tk.keras.models.Model(, ouputs)
model.compile(optimizer=tf.AdamOptimizer(),\
              loss=tf.softmax_crossentropy_with_logits)
```

此处只将一个模型进行了实例化，该模型是一系列网络层的计算图的容器。在实例化的过程中，仅仅指定了模型的输入、输出，为模型设置了`AdamOptimizer`作为训练过程中的优化器，并使用softmax对数交叉熵（softmax cross entropy with logits）作为损失函数。

可以观察到，我们仅为分类层指定了1000个单元，而没有同时指定激活函数，因此该层实际上是纯线性的。softmax激活将会包含在损失函数中。

以下是该模型的完整代码，总共大约15行。代码非常简短。因此，我们实际上将这一非常复杂的架构——包括载入预训练权重的过程——转换为了寥寥几行代码：

```
video = tf.keras.layers.Input(shape=(None, 150, 150, 3))
cnn = tk.keras.applications.InceptionV3(weights='imagenet',\
                                         include_top=False,\
                                         pool='avg')

cnn.trainable = False
encodedframes = tk.keras.TimeDistributed(cnn)(video)
encoded_vid = tf.layers.LSTM(256)(encoded_frames)

question = tk.keras.layers.Input(shape=(100),dtype='int32')
x = tf.keras.layers.Embedding(10000,256,mask_zero=true)(question)
encoded_q = tf.keras.layers.LSTM(128)(x)

x = tk.keras.layers.concat([encoded_vid, encoded_q])
x = tf.keras.layers.Dense(128, activation=tf.nn.relu)(x)
outputs = tf.keras.layers.Dense(1000)(x)

model = tk.keras.models.Model(, ouputs)
model.compile(optimizer=tf.AdamOptimizer(),\
              loss=tf.softmax_crossentropy_with_logits)
```

我们之前提到过，由于该Keras实现是针对TensorFlow从零开始构建的，所以它与TensorFlow的评估器和实验等高级API完全兼容。因此，仅用一行代码即可实例化一个TensorFlow实验，然后便可使用云服务器上的分布式训练等功能。

所以，仅通过几行代码即可用pandas数据框架读取问答模型中的视频数据、问答数据，然后在GPU集群上运行你的实验：

```
train_panda_dataframe = pandas.read_hdf(...)

train_inputs = tf.inputs.pandas_input_fn(\
    train_panda_dataframe,\
    batch_size=32,\
    shuffle=True,\
    target_column='answer')

eval_inputs = tf.inputs.pandas_input_fn(...)

exp = tf.training.Experiment(\
    model,\
    train_input_fn=train_inputs,\
    eval_input_fn=eval_inputs)

exp.run(...)
```

无法运行的代码

我们前面提到的代码当前不一定全部都能运行，但这些模块（`tf.keras`）很快就会上线，届时你就可以仅使用15行代码完成视频分析。

可以参考Keras 2017春季产品路线图（https://github.com/fchollet/keras/issues/5299）查看`tf.keras`和`tf.contrib`的可用性。

9.5 Android 上的深度学习

你可能会问，为什么要在Android上进行深度学习？深度学习和TensorFlow难道不就应该工作在大型数据中心的大量GPU集群上吗？这个问题的答案当然是肯定的，但在Android上进行深度学习也是一个很好的方法，可以通过在移动设备上的交互运行为用户提供独特的、前所未有的体验。

移动应用拥有巨大的潜力，因为人们每天都在使用移动设备。你可以基于深度学习开发许多应用，从实时翻译、输入法词汇预测、帮助人们浏览旧照片的照片浏览器，到SnapChat上的一些有趣的事实化产品。你也可以开发医学手机应用，帮助人们诊断疾病等。

现在，TensorFlow还没能支持所有设备，此处只讲解Android部分。TensorFlow现在支持的设备有：

- Android
- iOS
- Raspberry PI

随着TensorFlow社区的不断扩大，将来会支持更多设备。

9.5.1 TensorFlow 演示程序

TensorFlow中自带Android演示程序，其设计目的在于帮助你了解，使用TensorFlow可以完成哪些任务。如果你希望了解更多关于优化应用的信息，可以从这些演示程序入门。

TensorFlow提供的演示程序给出了在移动应用上使用TensorFlow的直观例子。下面列出当前已经可以直接在Android设备上使用的程序示例。

- **TF分类（图9-9）**：这是一个分类示例，其作用是载入一个实时相机，并用Inception V3网络识别相机中的图像。该样本对于ImageNet（http://www.image-net.org/）上已出现过的物体的识别效果很好。有关该示例的一个关键是，实际上可以使用它在Inception V3上用你需要的图片训练自己的模型，然后将其直接加入该示例，这样就用很少的代码构建了一个自己的图像识别App。你可能会注意到，如果使用原始的ImageNet模型拿摄像头对着人，应用会识别出乱七八糟的结果，因为ImageNet上并没有人的图像和标签。因此，如果拿摄像头对着人，应用会输出经常与人一起出现的物品，如安全带等。如果你希望识别人像，则需要使用下面这个例程。

9

图9-9　在Android上运行TF分类的示例结果（来源：https://github.com/tensorflow/tensorflow/blob/master/tensorflow/examples/android/sample_images/classify1.jpg）

- **TF探测（图9-10）**：该示例的作用是，在实时相机能够识别出的人像周围绘制选框。应用使用了追踪技术以获得较高的帧率，并识别每一帧中的对象。

图9-10　在Android上运行TF探测的示例结果（来源：https://github.com/tensorflow/tensorflow/blob/master/tensorflow/examples/android/sample_images/detect1.jpg）

- **TF风格化（图9-11）**：Magenta团体的主要工作就是风格化和风格迁移。可以使用被风格化的样本在手机上实时运行该示例，并可以使用滚动条选取并混合不同风格。由于该示例为Magenta模型集合中的一部分，所以可以直接从https://github.com/tensorflow/magenta/tree/master/magenta/ models/image_stylization下载该模型，并用各种你喜欢的风格对其进行训练。

图9-11 在Android上运行TF风格化的示例结果（来源：https://github.com/tensorflow/tensorflow/raw/master/tensorflow/examples/android/sample_images/stylize1.jpg）

9.5.2 Android 入门

我们前面提到过，本书只介绍Android部分。下面首先介绍，若要运行Android示例程序需要哪些一般步骤，然后讲解具体的例子。

1. 架构要求

TensorFlow提到："由于使用了camera2 API，所以，若要运行演示程序，则需要装有Android 5.0（API 21）及其以上版本的设备。原始的库本身可以运行在API >= 14的设备上。"

2. 预编译的APK

如果想立即尝试运行演示程序，可以直接在https://ci.tensorflow.org/view/Nightly/job/nightly-android/下载其每夜更新版本。进入**Last Successful Artifacts**标签，然后进入out文件夹，找到tensorflow_demo.apk文件。也可以使用它作为你自己的应用的预编译原始库。

9

转到以下网址，获取更多细节：https://github.com/tensorflow/tensorflow/blob/master/tensorflow/contrib/android/README.md。

3. 运行演示程序

下载并安装App之后，单击图标启动（TF分类、TF探测或TF风格化）。

运行活动时，可以按压设备上的音量键来开启/关闭调试可视化选项。该选项开启时，会在屏幕上显示额外信息，有助于开发和调试。

4. 使用Android Studio进行编译

如果你是Android开发者，可能会使用Android Studio作为开发工具。只需几个简单的步骤，你就可以直接在Android Studio上编译TensorFlow。

TensorFlow的所有Android示例都依赖于Bazel（这是TensorFlow用来编译Android应用的编译系统）。

为在Android Studio中运行Android示例，需要完成以下步骤。

- 修改编译脚本，为TensorFlow指定Bazel路径。该编译脚本的名称为`build.gradle`，可以在tensorflow/examples/android/build.gradle中找到。
- 然后，将例程文件夹作为一个新项目添加到Android Studio，即可进行编译。

完成前述两个步骤后，你就会从Android Studio中得到.apk文件，然后可以立即在任意Android设备上使用该文件。

5. 更进一步——使用Bazel编译

现在要完成一个具体例子，从头开始操作，直到获得.apk文件，并在你的设备上运行。我们使用Bazel完成该任务。

首先，使用以下命令对TensorFlow仓库进行clone：

```
git clone --recurse-submodules https://github.com/tensorflow/tensorflow.git
```

TIP 此处需要使用`recurse`子模块，避免编译中可能出现的一些问题。

接下来，需要安装Bazel（这是TensorFlow用来编译程序的编译系统，地址为https://bazel.build/）和Android的一些必要组件。

- 按照https://bazel.build/versions/master/docs/install.html的安装方法，安装最新版本Bazel。

- 为编译C++部分，需要安装Android NDK。推荐版本为12b。可以从https://developer.android.com/ndk/downloads/older_releases.html#ndk-12b-downloads下载该版本。
- 另外，需要安装Android SDK及其编译工具，可以从https://developer.android.com/studio/releases/build-tools.html获取。也可以将其作为Android Studio（https://developer.android.com/studio/index.html）的一部分使用。TF Android演示程序的编译工具要求API>=23（虽然运行设备只需要API>=21）。

上面已经提到过，需要修改workspace（可以在TensorFlow的根目录中找到）文件以提供关于SDK和NDK的信息。应当去掉下述代码前的注释，并升级对应的路径：

```
# Uncomment and update the paths in these entries to build the Android demo.
#android_sdk_repository(
#    name = "androidsdk",
#    api_level = 23,
#    # Ensure that you have the build_tools_version below installed in the
#    # SDK manager as it updates periodically.
#    build_tools_version = "25.0.2",
#    # Replace with path to Android SDK on your system
#    path = "<PATH_TO_SDK>",
#)
#
# Android NDK r12b is recommended (higher may cause issues with Bazel)
#android_ndk_repository(
#    name="androidndk",
#    path="<PATH_TO_NDK>",
#    # This needs to be 14 or higher to compile TensorFlow.
#    # Note that the NDK version is not the API level.
#    api_level-14)
```

如果没有将前述代码前的注释取消，就会在workspace中得到类似如下的错误报告："外部标签`//external: android/sdk`未绑定。"

另外，需要在workspace文件中编辑SDK的API等级，将其调至你安装的SDK中的最高等级。前面提到过，该等级必须>=23，NDK的API等级可以保持在14。

然后，需要从workspace的根目录中运行以下命令，编译APK：

```
bazel build -c opt //tensorflow/examples/android:tensorflow_demo
```

TensorFlow提到："如果编译过程中出现protocol buffer错误，请运行`git submodule update --init`命令，并确定已按照说明修改了workspace文件，然后尝试重新编译。"

现在可以安装.apk文件了。但安装前请确定，已经在你的Android 5.0（API 21）或以上版本设备上开启了`adb`调试。从workspace根目录运行以下命令，安装.apk文件：

```
adb install -r bazel-bin/tensorflow/examples/android/tensorflow_demo.apk
```

现在，尽情享受在Android移动设备上运行TensorFlow平台深度学习算法的乐趣吧。

9

9.6 小结

现在，你已经了解了TensorFlow 1.0最新的变更特性。另外，还学习了图像和视频分析，并了解到，将TensorFlow和Keras联用会使图像视频分析更加简单便捷。还有，我们学到了如何在Android移动设备上运行TensorFlow支持的深度学习。

下一章将介绍强化学习。我们会讲解强化学习的几个基本原则及算法，还会展示几个相关应用示例，其中使用了TensorFlow和OpenAI Gym框架。OpenAI Gym框架是开发和比较强化学习算法的一个强大工具。

第 10 章

强化学习

强化学习基于以下这个有趣的心理学原理：

> *在一个响应发生后立即给予奖励，能够增加该响应重新发生的概率；而给予惩罚，便可降低这一概率。*（Thorndike，1911）

执行一个正确的行为后立即给予奖励，可以增加该行为被重复的概率；而在一个我们不希望出现的行为发生后对其进行惩罚，就可以降低出错的概率。因此，只要建立目标，强化学习就会通过奖励最大化以进行实现。

强化学习在许多场景下都有应用，尤其是在监督学习无法完成任务时。

下面是强化学习诸多应用中的少数几种：

- 学习商品推荐和排序，对出现的品目进行一次性学习，新的用户就会带来更多消费；
- 在机器人保持原有知识的基础上教给它新任务；
- 获取复杂的体系化方案，从国际象棋开局到贸易策略；
- 路线规划问题，如运输船队的管理，即哪些货车/货车司机分配给哪些货船。

当前，人们普遍追求的一个思想是，设计出只需要任务描述而不需要其他条件就能进行学习的算法。如果这一目标能够达成，那么强化学习将会应用于生活的方方面面。本章将概括强化学习的基本概念，并讲解Q-learning算法。该算法是强化学习中最常用的算法之一。

本章结构如下：

- 强化学习基本概念
- Q-learning算法
- OpenAI Gym框架简介
- FrozenLake-v0实现
- 使用TensorFlow实现Q-learning

10.1　强化学习基本概念

强化学习的目标是创建可学习的系统，同时根据每个行为发出后得到的奖励，适应自身周围环境的变化。

使用这种方法处理信息的软件系统称为**智能体**。

这些智能体根据以下条件判断下一步的动作：

- 系统状态
- 使用的学习算法

为改变系统状态且最大化长期奖励，智能体会持续监控环境，选择最优动作。

为获得较大的奖励并由此优化强化学习过程，智能体必须优先选择过去获得较大奖励的动作。

智能体还必须探索之前从未出现过的动作。因此，智能体除了必须利用已知的动作，还需探索未出现的动作，以获得最大奖励，为未来选择最优动作。

为实现这一目标，智能体必须尝试多种动作，并逐渐选择最佳的动作。然后，智能体会随机继续尝试，使每个动作都被尝试多次，都被计算出可靠的奖励。

下面介绍强化学习系统的4个主要子元素。

第一个是**策略**，定义了智能体在特定时间内被要求的表现方式。换句话说，策略是环境观察到的状态和在这些特定状态下智能体需要做出的动作之间的映射。策略是强化学习智能体的核心，因为它决定了一个智能体需要做出的动作。

第二个子元素定义了强化学习的目标。该元素为**奖励**函数。每个状态根据自身对应的奖励被映射，代表动作在该状态中被期望的程度。正如前面所说，强化学习智能体的目标是，最大化长期过程中的总奖励。

第三个子元素是**值**函数。该函数指定了长期过程中的需求。换句话说，一个状态的值表示，一个智能体从该状态开始到未来会积累的总奖励。奖励决定的是当前状态这一瞬间一个动作的期望程度，而值代表的是状态的长期期望程度，其中考虑了后面可能出现的状态及其对应奖励。值函数的具体形式取决于选择的策略。

在学习过程中，智能体会尝试可以生成最高值状态的动作，因为这些动作可以获得长期最大奖励。由于奖励是直接从环境中导出的，所以值必须被连续计算，并在智能体的生命周期进行长期观察。

实际上，强化学习算法中最重要的部分是有效估计值的方法。

最后一个主要子元素是**环境**（或模型）。这是一个智能体内部表示，会激励环境中的表现。例如，给定一个状态和一个动作，模型就会预测下一个结果状态和下一个奖励。

图10-1总结了强化学习的周期。

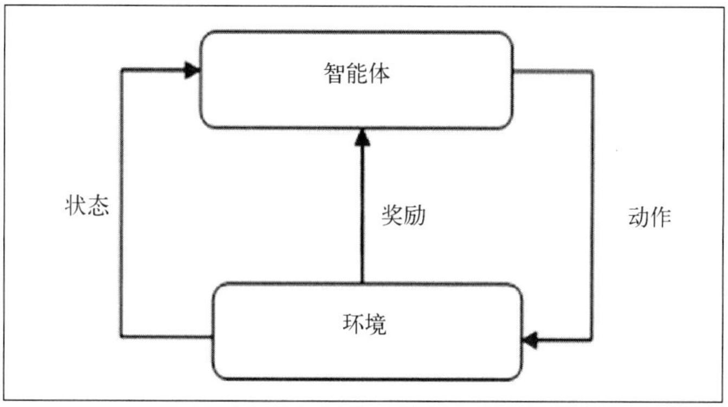

图10-1　增强学习周期

智能体从环境状态获取传感信息。基于这些信息和之前定义的策略，智能体在环境中进行动作。动作会产生一个奖励信号。和特征向量很大、组件很多的传感信息不同，奖励是一个单一实值张量，即一个数值。

另外，执行的动作会改变环境、产生新状态，这时智能体就可以做出新的动作，如此循环。

学习的目标是最大化获得的奖励。这并不是最大化某一瞬间的奖励，而是长时间的积累奖励。

10.2　Q-learning 算法

在学习阶段，解决强化学习问题要生成评价函数。该函数必须可以通过奖励的和以及策略方便地计算得出。Q-learning的基本思想是，该算法在状态和动作的完整空间($S \times A$)上学习出最优评价函数。

所谓的Q函数会给出一个形如$Q: S \times A => V$的匹配，其中V表示一个在状态s Î S中执行的动作a Î A的未来奖励值。

学习到最优函数Q后，智能体自然就可以识别出，何种动作在状态s中可以得到最高未来奖励。

实现Q-learning算法最常用的一个例子用到了表。表中的每个单元格为一个值，Q(s; a)=V，被初始化为0。

智能体可以做成任何动作a Î A，此处A为智能体所知的所有动作集合。算法的基本思想是训练规则，用来升级表元素Q(s; a)。

算法的基本步骤如下：

```
Initialize Q (s; a) arbitrarily
Repeat (for each episode)
  Initialize s
  Repeat (for each step of episode):
    Choose an action a I A from s I S using policy
      derived from Q
     Take an action a, observe r, s'
    Q(s; a) - Q(s; a) + a .( r + g . max Q(s'; a) - Q(s; a) )
    s' : s - s'
Until s is terminal
```

Q值升级过程中使用的参数如下。

- a为学习率，被设置为0~1。设置为0意为Q值不会更新，因此不会学习任何东西。若设置为一个较大的数，如0.9，则代表学习速率会很快。
- g为折扣参数，值的范围也是0~1。该参数表示的是当前奖励比未来奖励更重要。在数学上，折扣参数需要被设置为小于1，算法才能收敛。
- max Q(s'; a)为当前状态的下一个状态下可能获得的最大奖励，换言之，使用当前最优动作后获得的奖励。

为便于理解，图10-2画出算法流程。

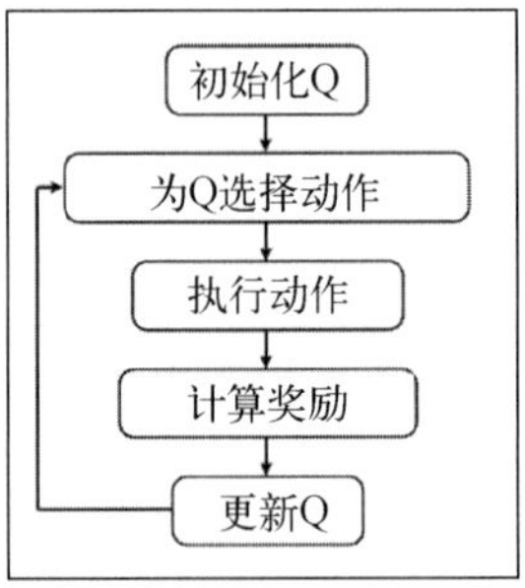

图10-2　Q-learning算法

10.3　OpenAI Gym 框架简介

为实现Q-learning算法，我们使用**OpenAI Gym**框架。该框架兼容TensorFlow工具包，用于开发和比较强化学习算法。

OpenAI Gym包含以下两个主要部分。

- **Gym开源库**：一个问题和环境集合，可以用于测试强化学习算法。所有这些环境共享同一个接口，允许编写强化学习算法。
- **OpenAI Gym服务**：一个站点，同时也是一个API，允许有效对比训练出的智能体的性能。

> 更多资料请见https://gym.openai.com。

首先，需要在机器中安装Python 2.7或Python 3.5。若要安装Gym，则使用`pip`安装器执行以下命令：

```
sudo pip install gym
```

安装完成后，可以使用以下语句列出Gym的环境：

```
>>>from gym import envs
>>>print(envs.registry.all())
```

输出的列表非常长，以下是其中一个片段：

```
[EnvSpec(PredictActionsCartpole-v0),
EnvSpec(AsteroidsramDeterministic-v0),
EnvSpec(Asteroids-ramDeterministic-v3),
EnvSpec(Gopher-ramDeterministic-v3),
EnvSpec(Gopher-ramDeterministic-v0),
EnvSpec(DoubleDunk-ramDeterministic-v3),
EnvSpec(DoubleDunk-ramDeterministic-v0),
EnvSpec(Carnival-v0),
EnvSpec(FrozenLake-v0),.....,
EnvSpec(SpaceInvaders-ram-v3),
EnvSpec(CarRacing-v0), EnvSpec(SpaceInvaders-ram-v0), .....,
EnvSpec(Kangaroo-v0)]
```

每个`EnvSpec`都定义了一个待解决的任务。例如，下图给出`FrozenLake-v0`的表示。智能体控制每个字符在4 × 4网格范围中的移动（见图10-3）。网格中的有些块是可以移动到的，而移动到其他的块上就相当于智能体掉进了水里。另外，智能体的移动方向是不定的，并不完全取决于选定的方向。智能体的任务是要寻找一个到目标块的可行路径。

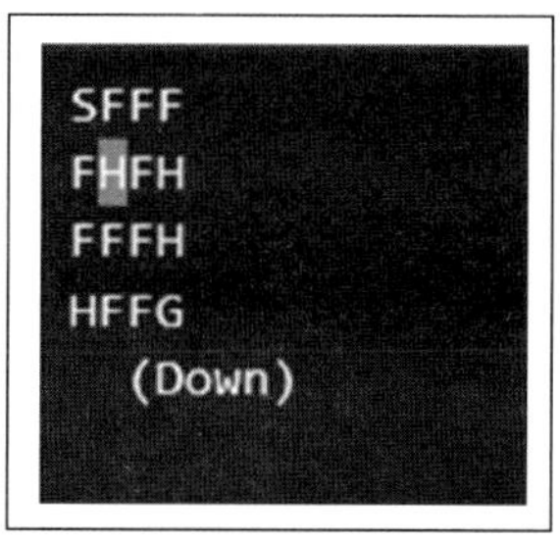

图10-3 FrozenLake-v0网格的一个表示

前述游戏空间的表面材质使用一个网格描述，如下：

```
SFFF  (S: 起点, 安全)
FHFH  (F: 冰面, 安全)
FFFH  (H: 坑, 会掉落)
HFFG  (G: 终点, 飞盘的坐落点)
```

若我们达到终点或掉进坑里，游戏便结束了。如果达到终点，就会收到奖励；其他情况会得0分。

10.4　FrozenLake-v0 实现问题

下面使用Q-learning算法解决FrozenLake-v0问题。

首先导入基本库：

```
import gym
import numpyasnp
```

然后载入FrozenLake-v0环境：

```
environment = gym.make('FrozenLake-v0')
```

之后构建Q-learning表格。该表格的维度为$S \times A$，其中S为观察空间S的维度，A为动作空间A的维度：

```
S = environment.observation_space.n
A = environment.action_space.n
```

FrozenLake环境为每个块提供了一个状态和4个动作（即4个移动方向）。因此，Q值将初始化为一个16×4的表格：

```
Q = np.zeros([S,A])
```

接着，为训练规则定义参数a和折扣因子g：

```
alpha = .85
gamma = .99
```

确定最大片段（轨迹）数：

```
num_episodes = 2000
```

然后初始化rList，用它存放积累奖励，以评估算法的分数：

```
rList = []
```

最后，启动Q-learning训练循环：

```
for i in range(num_episodes):
```

初始化环境以及其他参数：

```
s = environment.reset()
cumulative_reward = 0
    d = False
    j = 0
while j < 99:
        j+=1
```

从空间A随机选取一个动作：

```
        a = np.argmax(Q[s,:] + np.random.randn(1,A)*(1./(i+1)))
```

使用函数environment.step()评价动作a，用以获取奖励和状态s1：

```
        s1,reward,d,_ = env.step(a)
```

使用训练规则更新Q(s; a)表格：

```
        Q[s,a] = Q[s,a] + alpha*(reward + gamma*np.max(Q[s1,:]) - Q[s,a])
cumulative_reward += reward
```

设置下一个学习循环的状态：

```
        s = s1
if d == True:
            break
    rList.append(cumulative_reward)
```

打印随时间推移获得的分数，以及得到的Q表格结果：

```
print "Score over time: " + str(sum(rList)/num_episodes)
print "Final Q-TableValues"
print Q
```

如图10-4所示，在100个连续轨迹后，平均奖励约为0.54。

图10-4 连续轨迹的平均奖励结果

从技术上来说，我们并未解决这一问题。实际上，FrozenLake-v0定义的“解决”指的是，100个连续轨迹后获得0.78以上的奖励。可以通过参数调优改善这一结果，但此处不再赘述。

FrozenLake-v0 问题源代码

下面是用Q-learning算法解决FrozenLake-v0问题的源代码：

```
import gym
import numpy as np

env = gym.make('FrozenLake-v0')

#Initialize table with all zeros
Q = np.zeros([env.observation_space.n,env.action_space.n])
# Set learning parameters
lr = .85
gamma = .99
num_episodes = 2000

#create lists to contain total rewards and steps per episode
rList = []
for i in range(num_episodes):
#Reset environment and get first new observation
    s = env.reset()
    rAll = 0
    d = False
    j = 0

   #The Q-Table learning algorithm
    while j < 99:
        j+=1

   #Choose an action by greedily (with noise) picking from Q table
        a=np.argmax(Q[s,:]+ \
                  np.random.randn(1,env.action_space.n)*(1./(i+1)))

  #Get new state and reward from environment
        s1,r,d,_ = env.step(a)

        #Update Q-Table with new knowledge
        Q[s,a] = Q[s,a] + lr*(r + gamma *np.max(Q[s1,:]) - Q[s,a])
        rAll += r
        s = s1
        if d == True:
            break

    rList.append(rAll)

print("Score over time: " +  str(sum(rList)/num_episodes))
print("Final Q-Table Values")
print(Q)
```

10.5 使用 TensorFlow 实现 Q-learning

可以看到，前面的例子实际上相对简单：使用16 × 4的网格在学习过程中一步一步地升级Q表格。很容易想到，这种表格只适用于简单问题。对于真实世界的问题，我们需要更高级、更复杂的机制去升级系统状态，此时就需要发挥深度学习的作用了。从高度结构化的数据中提取特征时，神经网络的表现尤为优秀。

最后这一节将学习如何使用神经网络管理Q函数，将状态和动作作为输入，对应的Q值作为输出。

为实现这一想法，需要构建一个单层神经网络。网络的输入为一个状态，被编码为一个`[1×16]`向量，用于学习最优移动（动作），并将可能的动作映射到一个长度为4的向量中。

> 深度Q网络的一个最新实现已经可以以人类专家的水平玩一些Atari 2006游戏了。初步结果发布于2014年，相应论文于2015年2月在《自然》杂志上发表。

接下来介绍基于TensorFlow实现的、用于解决`FrozenLake-v0`问题的Q-learning神经网络。

首先导入所有需要的库：

```
import gym
import numpy as np
import random
import tensorflow as tf
import matplotlib.pyplot as plt
```

> 若要安装matplotlib，你需要在终端执行以下命令：
>
> ```
> $ apt-cache search python3-matplotlib
> ```

> 如果此包存在，执行以下命令安装：
>
> ```
> $ sudo apt-get install python3-matplotlib
> ```

载入并设置测试用的环境：

```
env = gym.make('FrozenLake-v0')
```

输入网络为一个状态，被编码为一个形状为`[1, 16]`的张量。据此定义`inputs1`占位符：

```
inputs1 = tf.placeholder(shape=[1,16],dtype=tf.float32)
```

网络权重的初值由`tf.random_uniform`函数随机选取：

```
W = tf.Variable(tf.random_uniform([16,4],0,0.01))
```

网络输出由inputs1占位符和权重相乘得到：

```
Qout = tf.matmul(inputs1,W)
```

由Qout评价的argmax参数给出预测值：

```
predict = tf.argmax(Qout,1)
```

最优移动（Qtarget）被编码为一个形状为[1, 4]的张量：

```
Qtarget = tf.placeholder(shape=[1,4],dtype=tf.float32)
```

接下来，需要定义一个损失函数loss，用来优化反向传播过程。loss函数形式如下：

$$loss = \sum (\mathrm{Q} - \mathrm{target} - \mathrm{Q})^2$$

此处计算了当前预测的Q值和目标之间的差值，且在网络中传播梯度：

```
loss = tf.reduce_sum(tf.square(Qtarget- Qout))
```

至于优化函数，选用著名的GradientDescentOptimizer：

```
trainer = tf.train.GradientDescentOptimizer(learning_rate=0.1)
updateModel = trainer.minimize(loss)
```

重新设置并初始化计算图：

```
tf.reset_default_graph()
init = tf.global_variables_initializer()
```

紧接着，为Q-learning训练过程设置参数：

```
gamma = .99
e = 0.1
num_episodes = 6000

jList = []
rList = []
```

定义运行会话，在会话中，网络将学习最优移动序列：

```
with tf.Session() as sess:
    sess.run(init)
    for i in range(num_episodes):
        s = env.reset()
        rAll = 0
        d = False
        j = 0

        while j < 99:
            j+=1
```

输入状态被用来馈给网络：

```
a,allQ = sess.run([predict,Qout],\
                  feed_dict=\
                  {inputs1:np.identity(16)[s:s+1]})
```

从输出张量a中随机选择一个状态：

```
if np.random.rand(1) < e:
    a[0] = env.action_space.sample()
```

使用函数env.step()评价动作a[0]，得到奖励r和状态s1：

```
s1,r,d,_ = env.step(a[0])
```

新状态s1被用来更新Q张量：

```
Q1 = sess.run(Qout,feed_dict=\
              {inputs1:np.identity(16)[s1:s1+1]})
maxQ1 = np.max(Q1)
targetQ = allQ
targetQ[0,a[0]] = r + y*maxQ1
```

当然，在反向传播的过程中必须升级权重：

```
_,W1 = sess.run([updateModel,W],\
              feed_dict=\
              {inputs1:np.identity(16)[s:s+1],nextQ:targetQ})
```

此处的参数rAll定义了会话中奖励的总增量值。回忆一下强化学习智能体的目标——最大化长期获取的总奖励：

```
rAll += r
```

更新下一步的环境状态：

```
    s = s1
    if d == True:
        e = 1./((i/50) + 10)
        break
jList.append(j)
rList.append(rAll)
```

计算结束后，输出成功片段的百分比：

```
print "Percent of succesfulepisodes: " +\
str(sum(rList)/num_episodes) + "%"
```

运行该模型，你应该得到与下面类似的输出。该结果可以通过参数调优进行改善：

```
>>>
[2017-03-23 12:36:19,986] Making new env: FrozenLake-v0
Percent of successful episodes: 0.558%
>>>
```

Q-learning 神经网络源代码

下面是前述例子的完整代码：

```
import gym
import numpy as np
import random
import tensorflow as tf
import matplotlib.pyplot as plt

#Define the FrozenLake enviroment
env = gym.make('FrozenLake-v0')

#Setup the TensorFlow placeholders and variabiles
tf.reset_default_graph()
inputs1 = tf.placeholder(shape=[1,16],dtype=tf.float32)
W = tf.Variable(tf.random_uniform([16,4],0,0.01))
Qout = tf.matmul(inputs1,W)
predict = tf.argmax(Qout,1)
nextQ = tf.placeholder(shape=[1,4],dtype=tf.float32)

#define the loss and optimization functions
loss = tf.reduce_sum(tf.square(nextQ - Qout))
trainer = tf.train.GradientDescentOptimizer(learning_rate=0.1)
updateModel = trainer.minimize(loss)

#initilize the vabiables
init = tf.global_variables_initializer()

#prepare the q-learning parameters
gamma = .99
e = 0.1
num_episodes = 6000
jList = []
rList = []

#Run the session
with tf.Session() as sess:
    sess.run(init)
#Start the Q-learning procedure
    for i in range(num_episodes):
        s = env.reset()
        rAll = 0
        d = False
        j = 0
        while j < 99:
            j+=1
            a,allQ = sess.run([predict,Qout],\
                              feed_dict=\
                              {inputs1:np.identity(16)[s:s+1]})

            if np.random.rand(1) < e:
                a[0] = env.action_space.sample()
```

```
            s1,r,d,_ = env.step(a[0])
            Q1 = sess.run(Qout,feed_dict=\
                          {inputs1:np.identity(16)[s1:s1+1]})
            maxQ1 = np.max(Q1)
            targetQ = allQ
            targetQ[0,a[0]] = r + gamma *maxQ1
            _,W1 = sess.run([updateModel,W],\
                            feed_dict=\
                           {inputs1:np.identity(16)[s:s+1],nextQ:targetQ})
#cumulate the total reward
            rAll += r
            s = s1
            if d == True:
                e = 1./((i/50) + 10)
                break
        jList.append(j)
        rList.append(rAll)
#print the results
    print("Percent of succesful episodes: " + str(sum(rList)/num_episodes) + "%")
```

10.6 小结

本章讲解了强化学习以及Q-learning算法的基本概念。

Q-learning的一个显著特征是，它有能力在当前奖励和延迟奖励之间做出选择。最简单的Q-learning算法使用表来存储数据，但需要监控/控制的系统的状态/动作空间增加时，这种简单形式就很快失去了可行性。

为解决这一问题，可以使用神经网络作为函数近似。这种方法将状态和动作作为输入，其对应的Q值作为输出。

基于这一想法，我们使用TensorFlow框架，以及用于强化学习算法开发和比较的OpenAI Gym工具包，实现了Q-learning神经网络。

到这里，我们的**TensorFlow深度学习**之旅便结束了。

深度学习是一个非常有活力的研究领域，许多图书、课程和在线资源都可以帮助你深入了解其原理及编程应用。另外，TensorFlow提供了丰富的工具，用以研究深度学习模型等。

我们衷心希望你可以成为TensorFlow社区的一员。TensorFlow社区非常活跃，期待着你的热情加入！

站在巨人的肩上

Standing on Shoulders of Giants

TURING

图灵教育

iTuring.cn